AVERTISSEMENT DE L'ÉDITEUR.

Ce petit écrit, est l'un des brouillons très-étendus de la Préface du *Nouveau Monde Industriel*, publié par Charles Fourier en 1829. — C'est à ce dernier ouvrage qu'il est renvoyé plusieurs fois dans le courant des chapitres.

Le manuscrit inédit d'où a été tiré ce document, forme la 18.e pièce de la cote dix de l'inventaire fait après la mort de Fourier.

En tête se trouve cette note, qu'il adressait à l'éditeur de son ouvrage :

Note pour l'Éditeur.

Ces prolégomènes seront réduits à moitié et distribués comme il suit :

L'article 3 en entier, traitant de l'énormité des bénéfices de l'association.

Il sera précédé d'un article pris sur les 1.er et 2.e, et suivi d'un article extrait des 4.e, 5.e et 6.e

Les parties omises seront reportées aux corollaires qui termineront l'abrégé.

J'ai encadré le tout dans ce *cayer*, afin qu'on puisse y entrevoir les moyens indirects que fournit la théorie de l'attraction contre les sciences incertaines ou philosophiques, indépendamment des moyens directs formant le corps de doctrine.

Moyennant ce prélude sur les diverses questions que comporte le sujet, l'éditeur pourra juger de celles qui sont à sa convenance et indiquer les modifications qu'il désirera.

ANARCHIE

INDUSTRIELLE ET SCIENTIFIQUE.

SOMMAIRE.

Indices de l'anarchie scientifique. — Indices de l'anarchie industrielle. — Enormité des bénéfices de l'Association. — Coup-d'œil sur l'échelle du mouvement social. — Cercle vicieux de l'industrie civilisée et des sciences incertaines. — Final sur les côtés faibles de la Philosophie.

Chapitre I.er

Indices de l'Anarchie Scientifique.

Avant de faire connaître une découverte de la plus haute importance, il faut en démontrer le besoin, expliquer les causes qui ont dû la retarder. On aurait peine à croire qu'un homme qui n'est pas membre des corps savants ait pu faire des inventions du plus grand prix, si l'on n'était auparavant convaincu qu'il existe dans les sciences, et par suite dans l'industrie, une anarchie qui depuis 25 siècles empêche les découvertes et les études qui pouvaient y conduire.

L'esprit humain doit être bien confus de sa médiocrité, en voyant les fruits de ses prétendues lumières, qui n'ont produit que le règne de la fourberie et de la violence et n'ont procuré que l'indigence à la classe ouvrière, sur qui pèse le faix de l'industrie.

Pour se guider dans la carrière sociale, on avait à opter entre deux classes de sciences : les *incertaines* ou trompeuses, et les *certaines* :

INCERTAINES.	CERTAINES.
Moralisme.	*Analyse de la Civilisation et synthèse de ses phases non-avenues.*
Politique.	*Théorie des garanties solidaires.*
Economisme.	*Théorie des approximations sociétaires.*
Métaphysique.	*Théorie de l'Attraction passionnée et de la pleine Association.*

Dans les premiers siècles savants, on ne songea point à déterminer les branches de théorie sociale qu'il fallait cultiver. Une classe de beaux esprits nommés philosophes, Platon, Aristote, Solon, etc., optèrent pour les quatre sciences incertaines, qui favorisent la controverse, les systèmes, l'arbitraire en législation; ils engagèrent ainsi l'antiquité en fausse route.

Les Modernes, serviles imitateurs des Anciens, ont persisté dans les mêmes errements. Descartes, qui conseillait le doute, ne voulut pas l'appliquer aux 4 sciences incertaines, ni essayer d'y substituer 4 sciences fixes. Les Voltaire, les Rousseau et tous les sophistes du 18.e siècle, n'y ont pas non plus songé, quoiqu'ils aient exprimé sur ces 4 sciences beaucoup de doutes et même une réprobation franche, en disant : « Ces bibliothèques, prétendus trésors de connaissances sublimes, ne sont qu'un dépôt humiliant de contradictions et d'erreurs; cette abondance d'idées n'est qu'une disette réelle. » — (Barthélemy)

Mais ces lueurs de raison n'ont pas eu de suite : la force de l'habitude, le respect superstitieux pour l'antiquité, ont emporté la balance, et tout en se vantant de vol sublime, de perfectionnement de la raison, l'on en est encore à ignorer ce que nous crient la misère du peuple et la fausseté universelle; c'est que le régime Civilisé, Barbare et Sauvage est un travestissement de la destinée sociale, un *monde à rebours*, dit fort bien le peuple; c'est une subversion du mécanisme que Dieu assigna à nos passions avant de nous créer; enfin c'est un *enfer social*, où l'on a langui 2,500 ans de trop, et d'où le genre humain va sortir, grâce à la tardive découverte de la théorie de l'attraction passionnée, calcul qui détermine toutes les dispositions du mécanisme sociétaire que Dieu a composé pour nos relations industrielles et domestiques et pour l'harmonie des passions.

Cette précieuse théorie fut effleurée et manquée par Newton, que la postérité surnommera l'*illustre aveugle;* il avait la main sur le plus grand mystère de la nature, il l'a laissé échapper et n'en a saisi que l'ombre.

Dirigés par les 4 sciences fausses qu'on nomme *philosophiques*, nous n'avons pas encore su faire le premier pas dans les routes du bonheur social. Les peuples civilisés voient leur misère s'accroître en raison du progrès de l'industrie; aussi n'est-il rien de plus pauvre que les classes laborieuses d'Angleterre et d'Irlande, contrées qui ont porté au plus haut degré l'agriculture et les manufactures.

Il semble que l'industrie soit pour le genre humain un présent perfide, une dérision de la nature, et même une punition; car elle réduit au désespoir les classes de salariés et d'esclaves sur qui elle repose. Ils sont bien plus pauvres que le Sauvage qui jouit du bien-être possible dans l'état d'inertie, et qui a parfois des jours d'abondance, quand la chasse et la pêche ont été heureuses D'ailleurs le Sauvage n'est pas, comme nos plébéiens, aigri par l'aspect des produits du luxe étalés sous ses yeux pour exciter ses desirs et insulter à ses privations. — Renvoyons ces détails d'anarchie industrielle au deuxième chapitre, et donnons le premier aux aperçus d'anarchie scientifique.

—

Je commence par l'athéisme, résultat honteux de nos lumières modernes. L'Antiquité ne se souilla pas de cette tache et ne produisit pas des dictionnaires d'athées.

Le germe de l'athéisme est dans le dépit des sophistes, qui s'indignent de ne pas pénétrer le système de la nature, la théorie des destinées sociales ou but assigné par Dieu aux passions et aux sociétés. Ils s'en prennent à Dieu de leur propre ignorance, de leurs fausses méthodes ; ils renient Dieu pour excuser leur impéritie à découvrir un plan sur la destinée sociale qu'on eût déterminé fort aisément, si l'on eût eu la plénitude de foi et d'espérance en l'universalité de la Providence.

On aurait, d'après cette croyance, opiné à chercher le code divin sur le mécanisme des passions et de l'industrie, et le chercher par étude de l'Attraction passionnée, interprète permanent de Dieu. Cette étude aurait conduit à déterminer l'échelle du mouvement social, et organiser la période 8 de la table suivante :

PÉRIODES SOCIALES DU 1.er AGE DU MONDE.

Préludes à l'industrie.	0. *Bâtarde, sans l'homme.*
	1. *Primitive, dite Eden.*
	2. *Sauvage ou inerte.*

Industrie mensongère.	Industrie véridique.
3. *Patriarchat.*	6. *Garantisme.*
4. *Barbarie.*	7. *Sociantisme.*
5. *Civilisation.*	8. *Harmonisme.*

Nos philosophes ayant douté de la Providence et de son universalité, ont cru que Dieu avait créé les passions et l'industrie au hasard, à l'aventure, sans leur assigner un mécanisme digne de sa sagesse ; en conséquence, ils ont fait des lois sociales eux-mêmes, au lieu de chercher et établir celles de Dieu : de là vient qu'ils n'ont jamais su s'élever plus haut que la période 5.e dite Civilisation, qui est un abîme de fausseté et d'injustice.

Les périodes 3, 4, 5, sont l'industrie mensongère ou monde à rebours, état de pauvreté et de fureurs sociales ; les périodes 6, 7, 8, s'élèvent par degrés à l'industrie véridique et aux relations d'Harmonie.

Tel est l'aperçu de la science des destinées qui a été manquée

par les Anciens et les Modernes ; ils ont fabriqué des milliers de systèmes sociaux tous opposés à l'Attraction, et n'ont abouti qu'à s'engouffrer dans le labyrinthe de l'industrie mensongère et morcelée, qui ne produit que le quart de la véridique ou sociétaire, et qui distribue de telle manière que le producteur est toujours réduit au dénuement, au désespoir.

Confus des misères de la Civilisation, qui, je le dirai souvent, est un cercle vicieux, reproduisant toujours les mêmes abus sous diverses formes, les Modernes s'en prennent à Dieu dont ils n'ont pas voulu étudier les décrets par calcul analytique et synthétique de l'Attraction passionnée. On peut comparer leur folie d'athéisme à celle d'un voyageur qui ne voulant suivre aucun des avis de son guide et s'isolant de lui, s'égarerait au plus épais des forêts et en accuserait le guide.

Le parti qui combat les athées n'est guère moins impie, car il donne dans la fausse piété, la demi-croyance en Dieu, le doute sur l'universalité de la Providence, l'opinion qui suppose que Dieu aurait créé nos passions pour le mécanisme faux, ou état Civilisé, Barbare et Sauvage, et qu'on doit laisser à la raison humaine le soin de faire des codes sociaux sans intervention de Dieu. Telle est l'opinion de gens qui se disent religieux, et ne sont, comme leurs adversaires les philosophes, que des Titans qui veulent envahir la plus haute fonction de Dieu, la législation. Dieu fait des lois sociales pour les insectes même, abeilles, guêpes, fourmis ; comment aurait-il pu oublier ou négliger d'en faire pour le genre humain, bien plus digne de sa sollicitude ? Et quelle est la démence de ces hommes soi-disant pieux, qui placent Dieu au second rang et la raison humaine au premier, en consentant qu'elle usurpe sur Dieu la fonction législative ou direction du mouvement social, qui est la plus éminente des attributions de Dieu.

Cette attribution est supérieure même à celle de Créateur, qui ne serait pour Dieu qu'un opprobre, s'il ne savait pas établir l'ordre, l'harmonie parmi les créatures et surtout parmi les hommes, qui, doués de la raison, peuvent critiquer son œuvre. Or, l'état actuel du genre humain, déchiré par 4 sociétés scélérates, est une conception digne de l'Enfer et non de Dieu.

Voilà l'anarchie intellectuelle bien constatée, les esprits faussés en double sens par la philosophie et la demi-piété. Les premières victimes de ce désordre sont les philosophes mêmes qui l'ont établi. En détournant l'esprit humain d'étudier les vues de Dieu par calcul,

De l'Attract. qui enseigne le mécanisme n.° 8, **Harmonisme**,
De l'Associat. qui enseigne le mécan. n.° 7, **Sociantisme**,
Des Garanties qui enseignent le mécan. n.° 6, **Garantisme**,

ils ont réduit le monde social à croupir dans l'état Civilisé, où ils jouent le dernier rôle, étant partout privés de la fortune qui ne favorise que les agioteurs et les sangsues. Ils sont partout enchaînés par la défiance et le ciseau de l'Autorité ; ils sont réduits à la vénalité et à la charlatanerie, déconsidérés dans l'opinion par leur malignité, disgraciés s'ils osent penser et écrire librement, corrigés comme des écoliers, témoins les Villemain, Michaud, Lacretelle, Legendre, Vauquelin, Lefèvre-Gineau, etc.

Tel est le fruit qu'ils recueillent de leur obstination à repousser les découvertes et ne vouloir exploiter aucune des sciences intactes, pas même celle des garanties qu'ils invoquent pourtant à chaque page ; car ils ne raisonnent que de garanties, contre-poids, balance, équilibre.

En parallèle de ce triste sort, je me borne à leur indiquer seulement une des voies de fortune que leur ouvrira la société n.° 8, Harmonisme, qu'on peut organiser *en peu de temps*, et répandre subitement partout le globe. Cette société cultivera très-activement une science dite l'Analogie, ou tableau des effets des passions dépeints dans chacune des substances créées. Cette nouvelle science vaudra aux auteurs de grands bénéfices... Je ne cite là qu'une branche des immenses bénéfices que la société n.° 8 assurera aux savants des diverses classes : on peut juger quelle est leur duperie de se passionner pour la Civilisation, et de repousser les découvertes et les études qui peuvent conduire aux sociétés supérieures en échelle.

Il est évident qu'ils se sont frustrés eux-mêmes en refusant de cultiver les 4 sciences exactes sur la mécanique sociale, et qu'un corps d'opposition qui les ramènerait aux bonnes études serait pour eux un sauveur. Qu'ils se mettent d'accord avec eux-mêmes : ils proclament la nécessité d'une opposition en affaires administratives, et ils n'en veulent pas en affaires scientifiques, où tout est livré à l'esprit de coterie, au monopole du génie exercé par quelques exclusifs qui repoussent les découvertes en vertu du principe :

Nul n'aura de l'esprit que nous et nos amis.

J'ai analysé double duperie chez les classes naturellement surveillantes du monde savant, ou rivales en doctrines. Les gouvernements n'ont pas su lui créer une opposition, un contre-poids auquel il s'efforce de soumettre l'autorité administrative ; le sacerdoce n'a pas su le rappeler à l'étude des lois sociales de Dieu, en leurs 3 degrés, Garantie, Association et Attraction. Si donc les philosophes ont etabli l'anarchie scientifique, il faut convenir que leurs adversaires les y ont bien débonnairement aidés.

Entretemps tout le monde est victime de cet égarement de la science, le peuple par la pauvreté, les princes par les révolutions, les propriétaires par l'exiguité du revenu, qui se trouverait tout-à-coup quadruplé en passant au mécanisme social n.° 8.

Les 4 sciences incertaines ont produit des amas de systèmes, des masses de 500,000 tomes, dont pas un n'aborde le problème urgent, le moyen de procurer au peuple du travail et du pain, un travail fructueux et non pas ingrat comme celui de nos salariés, et surtout celui des femmes, si mal rétribuées qu'elles n'ont de ressources que dans la prostitution.

J'ai dit que la 4 e des sciences exactes, celle de l'Attraction passionnée, conduisait directement à découvrir la destinée heureuse des passions, le mécanisme sociétaire intégral, c'est-à dire appliqué à toutes les fonctions industrielles qui sont de cinq ordres, *domestique*, *agricole*, *manufacturier*, *commercial*, *enseignant*. Cette science est très opportune pour notre siècle, qui raisonne confusément d'Association, et fait des essais maladroits en association, sans pouvoir y réussir, ni en Angleterre, ni en Amérique.

Le succès de Newton en calcul d'*Attraction matérielle* était un augure de réussite en d'autres branches et un motif pressant d'étendre les études à l'*Attraction passionnée*. On n'aurait pas différé un instant, si les métaphysiciens eussent observé leurs propres doctrines sur l'analogie. Voici celle de Schelling :

« L'univers est fait sur le modèle de l'âme humaine, et l'analogie de chaque partie de l'univers avec l'ensemble est telle, que la même idée se réfléchit constamment, du tout dans chaque partie, et de chaque partie dans le tout. »

Les autres métaphysiciens enseignent comme lui, qu'il y a unité dans le système de l'univers, que l'homme est miroir de l'univers, que l'univers est miroir de lui-même... Chacun de ces dogmes induit à conclure que le ressort d'harmonie matérielle des mondes et des insectes, l'*Attraction*, doit être aussi ressort d'harmonie sociale des hommes ; que si l'étude de l'Attraction matérielle nous a dévoilé les lois du Créateur sur la mécanique des cieux et des astres, un calcul sur l'Attraction passionnée nous dévoilera les lois divines sur la mécanique des passions, le régime sociétaire, que Dieu assigna aux passions et à l'industrie avant de nous créer.

Les mêmes dogmes d'unité de l'univers, miroir général, etc., induisaient aussi à penser que s'il y a *dualité*, ordonnance double, dans le mouvement matériel où nous voyons régner

L'ordre juste et harmonique, parmi les planètes,
L'ordre faux et incohérent, parmi les comètes,

il doit exister de même deux mécanismes primordiaux dans le mouvement social, et que nous sommes évidemment dans le mécanisme faux, le *monde à rebours*, dont on doit chercher l'issue ; que le mécanisme vrai serait l'ordre sociétaire, ou combinaison la plus grande possible, par opposition à l'état faux ou civilisé, qui est la combinaison la plus petite, bornée au couple conjugal, morcelant et compliquant à l'infini les travaux agricoles et domestiques.

Au lieu de s'ingénier à trouver les voies d'association, les philosophes expectants, cités en tête de cette préface, tombent dans la pusillanimité et l'apathie. Les mêmes qui reconnaissent que la raison est égarée dans un dédale de fausses lumières, l'excitent à y croupir et sèment le découragement. Ainsi, l'auteur d'Anacharsis, dont j'ai cité l'opinion sur l'inutilité de nos bibliothèques, s'écrie : « Souvenez-vous, ô mes fils, que la nature est couverte d'un voile d'airain que tous les efforts des siècles ne sauraient percer. »

Cicéron donnait déjà dans le même travers, disant : *Latent ista omnia, crassis occultata tenebris, ità ut nulla humani ingenii acies*, etc., c'est-à dire qu'aucun effort de l'esprit humain ne percera les voiles d'airain.

Ce préjugé est commode pour les beaux esprits, qui aiment mieux fabriquer des systèmes que de risquer un sacrifice de plusieurs années à la recherche d'une découverte. D'ailleurs les beaux esprits sont communément dépourvus de génie inventif; ils échoueraient sur le moindre problème d'Attraction passionnée et de mécanique sociétaire. ((de politique sociale, et encore plus sur la politique sociétaire.))

Analysons leur inconséquence : la seule idée de voile d'airain suffit à confondre leurs 4 sciences; car si le voile d'airain existe, elles ne perceront jamais ce terrible rempart; elles ne pourront pas

Dérober au destin ses augustes secrets,

dévoiler la théorie du mécanisme social naturel, celui que Dieu assigna aux passions avant de les créer; on n'a donc aucune lumière à attendre d'elles.

Mais si le voile n'existe pas, ou s'il n'est que de gaze, quelle est l'impéritie des 4 sciences qui depuis 3,000 ans ne savent pas soulever cette gaze très-pénétrable, comme l'a prouvé le calcul Neutonien qui a dévoilé une branche des mystères du mouvement.

Ainsi, que le voile existe ou n'existe pas, qu'il soit d'airain ou de gaze, dans l'un ou l'autre cas, la Philosophie se condamne elle-même en touchant à cette idée de voile, qui est pourtant son refrain favori. C'est ainsi que le bel esprit est loin du bon esprit, et que les phrases ronflantes sur le voile d'airain sont aussi insensées que les *torrents de lumière* économique et politique d'où on ne voit naître qu'indigence, fourberie et morcellement.

En signalant ce labyrinthe où la raison s'est égarée, distinguons parmi ses guides les deux classes opposées :

L'une comprend les hommes de bonne foi, les Montesquieu, les Rousseau, les Voltaire et autres, que je nomme *expectants* d'après Socrate, leur doyen, qui *espérait qu'un jour la lumière descendrait.*

L'autre classe est celle des légions gasconnes, des hâbleurs de *vol sublime*, distributeurs de *torrents de lumière* et marchands de *perfectibilités perfectibilisantes*. Ces spéculateurs en systèmes seront désignés sous le nom d'*obscurants*, par opposition à la classe des philosophes expectants qui se plaignent de l'obscurité des sciences, déplorent l'impéritie de la politique sociale et augurent quelque lumière plus sûre, quelque découverte d'une théorie propre à diriger au bien les sociétés.

L'erreur qui les a tous abusés est l'antique usage d'envisager le mouvement en *simplicité*, le croire borné au mode existant, ne pas consulter l'analogie qui nous apprend que le mouvement est *dualisé*. Il faudra souvent le répéter : en mécanique sociale comme en mécanique matérielle, il est sujet à double jeu :

A l'ordre juste, harmonique et sociétaire (figuré par les planètes), et dont nous n'avons su ni découvrir, ni chercher la théorie ;

A l'ordre faux (figuré par les comètes), incohérence des travaux, régime de morcellement, subdivision par familles, état Civilisé, Barbare et Patriarchal, qui est la grossière enfance du monde social, vrai labyrinthe dont il fallait trouver l'issue et la chercher suivant le précepte de l'Evangile : *Quærite et invenietis*, cherchez et vous trouverez.

Dans l'ordre faux qui règne sur tous les globes au début de leur carrière, l'industrie ne sert qu'à appauvrir la multitude qui l'exerce et humilier la science. De là vient la scission qu'on voit dans le corps philosophique où les expectants confessent l'infirmité, tandis que les obscurants chantent le vol sublime vers la perfectibilité de civilisation perfectible. Ces gasconnades sont maintenant un protocole obligé dans tout écrit. Ne fût-ce qu'un écrit de gazette, il faut dès la première phrase chanter le vol rapide vers la région des perfectibilités intellectuelles, et les trophées de l'industrialisme qui ne laisse aux industrieux que la famine et des haillons.

Cette classe d'illusionnaires domine aujourd'hui : elle n'est point combattue par les expectants, gens faibles, semant la terreur avec de pompeuses jérémiades sur l'épaisseur des voiles d'airain, la profondeur des mystères, les impossibilités et les impénétrabilités, excuses de nonchalance puisqu'il existe encore 5 sciences intactes dont 4 indiquées page 1.re La 5.e, l'Analogie, découle des 4 autres, et ne peut être étudiée en plein qu'à la suite des autres. Cependant on pouvait dès à présent en étudier des parcelles, comme le principe de la dualité ou double jeu du mouvement.

Il restait donc une immense carrière de recherches pour ces philosophes expectants qui ont lâché pied sans combat. Les enfants ont plus de sagesse lorsqu'ils cherchent la fève dans le gâteau des Rois ; ils ne perdent pas l'espoir tant qu'il reste des portions à ouvrir; ils fouillent jusqu'à la dernière où peut se trouver la fève.

Notre siècle aurait dû rappeler les philosophes à ce bon sens des enfans et au précepte de l'Evangile : *Quærite et invenietis.* Eux-mêmes s'imposent la loi *d'explorer en entier le domaine de la science, ne pas croire la nature bornée aux moyens connus.* Il ne fallait donc pas la croire bornée au régime de fausseté et d'oppression, au mécanisme Civilisé, Barbare, Patriarchal et Sauvage.

Ces quatre échelons sociaux, que le peuple a si bien nommés monde à rebours, sont un âge d'enfance et de subversion inévitable pour le monde social. Il est obligé, sur les autres globes comme sur le nôtre, de passer au moins une centaine de génération, en mécanisme subversif, jusqu'à ce qu'il ait rempli les deux conditions :

1.° De créer la grande industrie, les sciences fixes, les beaux arts, nécessaires à l'établissement du mécanisme sociétaire.

2.° De l'inventer, le découvrir, soit directement par calcul de l'Attraction passionnée, soit indirectement par étude des trois autres sciences *sociales exactes*, dont on n'a pas voulu s'occuper.

Récapitulons ces quatre omissions. — Les métaphysiciens ont classé l'Attraction parmi les vices indignes d'études.

Les moralistes ont abusé le genre humain en lui persuadant qu'il pouvait devenir vertueux et heureux en Civilisation ; il eût fallut, au contraire, lui présenter un tableau fidèle de cette société ; de ses hypocrisies, de ses perfidies, la peindre dans toute sa laideur, afin d'exciter à en chercher de meilleures. Il existe trente deux mécanismes sociaux ; nous n'en avons parcouru que cinq dont quatre actuellement existants et un depuis longtemps détruit; il ne dura que 300 ans dans le premier âge de l'humanité. (Voyez l'échelle sociale au chapitre III.e)

La Politique avait pour emploi d'établir des garanties, science fort inconnue. Elle n'a pas su en inventer une seule, et de plus elle a péché doublement en ne mettant pas au concours la recherche des garanties, surtout celle de travail et de subsistance, et en négligeant d'appliquer et étendre le régime des garanties déjà établies fortuitement, comme le système des monnaies, seule relation où règne la garantie de vérité et unité.

L'Economisme a éludé les deux recherches dont se composait sa tâche, le remède aux deux vices radicaux de l'industrie,

Au morcellement des travaux agricoles et domestiques,

A la fourberie commerciale.

Loin de songer à y porter remède, on prône ces deux sources de désordre, on encourage la pullulation des marchands parasites, la liberté de fourberie dont ils jouissent; on encourage les petits producteurs, qui sont de petits vandales, ainsi qu'on le verra plus loin.

L'Economisme avait pour tâche de chercher :

1.° *Le procédé d'Association la plus grande possible;*

2.° *Le procédé de Commerce en mode véridique.*

Loin de s'en occuper, il sanctionne tous les désordres commerciaux, et encourage de fait les charlatans en association, sans leur assigner une série de conditions à remplir, sans intervenir dans cette affaire, la plus importante pour le genre humain.

Ainsi, l'anarchie est au plus haut degré dans les 4 sciences que le monde social a prises pour guides. Les autres sciences, les fixes et les conjecturales, coopèrent à l'anarchie par une tolérance coupable; elles auraient dû faire scission avec les incertaines, les admonester, les rappeler à l'observance de leurs préceptes, et surtout à celui d'*explorer en entier le domaine de la nature*, dans lequel il reste quantité de sciences vierges.

La classe des sciences fixes devait se constituer en corps *d'opposition scientifique*, sommer les incertaines de s'occuper des problèmes principaux, tels que la garantie de travail et subsistance, leur reprocher nettement qu'aucun de leurs systèmes ne va au but, que tous reposent sur des bases fausses, car ils ne donnent que des résultats opposés aux promesses et ne favorisent que la permanence du mal.

Loin de prendre cette noble attitude, les sciences exactes se sont laissé suborner par les fausses, elles ont adhéré à l'incorporation, elles ont consenti à devenir branches de la philosophie, dont elles auraient dû dénoncer les contradictions : comme celles de prêcher en Morale le mépris des richesses et l'amour de la vérité, et prêcher en Economisme l'amour des richesses et du trafic individuel qui est un exercice continuel du mensonge.

Au lieu de créer ce corps d'opposition, l'on s'est de toutes parts soumis aux formes académiques, aux échanges de compliments et flatteries qui ne favorisent que le sophisme, quand il eût fallu une corporation indépendante, parlant sans fard et disant hardiment aux sophistes : *Vous vous trompez et vous nous trompez.* On use de cettte franchise dans les assemblées législatives, avec les ministres mêmes, à qui tout journal dit trés-crûment les vérités les plus dures. — On en use aussi dans la Chaire et au Barreau. Pourquoi ne jouirait-on pas de la même liberté avec les faux savants, moins dignes encore de ménagements?

Toutes les inventions seraient étouffées au berceau, si les inventeurs avaient le caractère simple qu'on exige d'eux; ils cèderaient aux railleries des zoïles et transigeraient avec les préjugés dominants. Si Colomb eût été un esprit flexible, accommodant, il aurait cédé aux foudres de la Philosophie et de l'Église, et renoncé à la recherche du nouveau monde. La nature, au contraire, donne aux inventeurs le caractère de l'homme juste et ferme qu'Horace nous dépeint rétif aux impulsions de la multitude :

Non civium ardor prava jubentium
Mente quatit solidâ.

Galilée soutient la vérité sous le fer du persécuteur : — « *E pero si muove.* » — Si donc vous exigez d'un inventeur de la souplesse, de l'encens, un ton rampant, c'est lui ôter la parole et vous priver vous-même de l'invention qu'il vous apporte.

Jamais les inventeurs ne furent plus molestés qu'aujourd'hui. A défaut de pouvoir comme autrefois brûler l'inventeur, on étouffe l'invention. Les détracteurs la chicanent sur les formes, le style et autres accessoires; ce sont autant de ruses pour empêcher qu'on n'examine le fond, la partie théorique. On s'efforce d'ensevelir la découverte jusqu'à une occasion favorable de s'en emparer en la travestissant. Tant qu'il n'existera aucun corps d'opposition scientifique, les inventeurs seront persécutés par les zoïles et les plagiaires spéculatifs.

Il est curieux d'examiner les duperies où tombe le monde social par suite de cette anarchie ; j'en vais citer trois des plus récentes sur les 3 sujets suivants : système de l'univers, — garanties sociales, — association.

1.° *Le système de l'univers.* La nature fait éclore chez les sociétés comme chez les individus des besoins nouveaux, à mesure qu'ils avancent en âge. Depuis que Newton a soulevé un coin du voile du système de l'univers, on a désiré connaître le système en entier.

Sur ce, les beaux esprits, toujours à l'affût des goûts naissants pour en former un aliment de sophisme, ont enfanté des systèmes universels en telle affluence, qu'un jour le journal français nommé le *Constitutionnel* en annonça trois d'une volée. On les envisageait comme des hochets littéraires.

J'ai lu le discours préliminaire d'un de ces systèmes très-prôné, et il contenait dès la première page plusieurs maximes d'obcurantisme comme celle-ci, sur le compte de Dieu : ***Il faut le révérer sans chercher à le connaître.*** Mais si on ne connaît pas Dieu, on ne connaîtra pas l'homme, puisque l'âme humaine est formée à l'image de Dieu, selon ce qu'enseignent ***positivement*** les doctrines religieuses, et ***implicitement*** les doctrines philosophiques sur l'analogie universelle. (Schelling cité plus haut.)

Nous devrions d'autant mieux chercher à connaître Dieu, que c'est la connaissance la plus facile à acquérir, celle par laquelle on devait débuter. Cette étude procède selon la méthode algébrique ou détermination rationnelle des inconnues. Je donnerai un chapitre sur ce sujet et j'y préluderai dès la préface.

Ainsi, nos soi-disants systèmes universels éludent dès la première page la branche d'études qui est la clef du système de l'univers, celle qu'on leur demanderait s'il existait un corps d'opposition scientifique, traçant aux savants la ligne à suivre.

Ces systèmes universels n'ont dit mot sur le but des passions, sur le mécanisme d'harmonie auquel Dieu les destine, sur les temps assignés au mouvement subversif ou état de fausseté, régime Civilisé, Barbare et Sauvage, et sur les moyens d'en sortir pour passer à la destinée heureuse; relativement à ce grand problème, le seul qui soit d'un intérêt pressant, chacun d'eux garde un profond silence. Ainsi, dans leur prétendu dévoilement de l'univers, ils ont oublié l'homme et ses destinées sociales. — Passons à un 3.e oubli.

Les passions de Dieu et celles de l'homme *créé à l'image de Dieu* étant le type des créations matérielles, toutes emblématiques de quelque effet de passion (chien, l'amitié; chat, l'égoïsme), on ne peut pas connaître les causes qui présidèrent à la distribution de l'univers, tant qu'on ignore la théorie des deux mécanismes de passions, ou jeu faux et jeu vrai, dont les détails sont représentés dans les créations de tous les règnes, comme l'amitié et l'égoïsme dans le Chien et le Chat, la coquetterie dans l'Hortensia, le mariage dans l'Iris, l'homme du monde dans le Coq, le mari docile dans le Canard, etc., etc. Celui qui ne sait pas expliquer par méthode régulière et géométrique ces analogies, ne connaît rien au système de l'univers matériel, qui est hiéroglyphique du passionnel, l'univers étant miroir de lui même comme l'ont présumé tous les sophistes, sans savoir le prouver par le calcul de l'Analogie dont je suis inventeur.

Au résumé, nous avons foule de systèmes universels, qui ne nous ont dévoilé, — ni Dieu, — ni l'homme, — ni l'univers. Que nous ont-ils donc appris? Ce que chacun savait déjà: Ils ont remanié, arrangé en d'autres termes les connaissances acquises; mais ils les ont présentées avec le fard académique, ils ont flatté l'orgueil en persuadant à l'esprit humain qu'il est arrivé au foyer des lumières, quand il n'a pas même de notions élémentaires sur Dieu, l'homme et l'univers, pas même sur les distributions secondaires de l'univers, comme les emblèmes contenus dans les animaux et végétaux dont nous faisons un usage habituel, et qui, dans les 3 règnes connus, nous présentent au moins cent mille tableaux à expliquer. Cette étude, ainsi que tant d'autres, a été manquée complétement par nos dévoileurs d'univers.

2.° Les sociétés modernes ont senti le besoin de *Garanties sociales;* c'etait une théorie qu'il fallait découvrir et dont le germe est dans le système monétaire. Les beaux esprits, au lieu d'analyser et appliquer ce germe, ont mis en scène la constitution, le gouvernement représentatif et autres vieilleries renouvelées des Grecs. Ils ont donné ces antiquailles pour une voie de garantie ; et après 40 ans d'essais orageux, on reconnaît que ces chimères ne garantissent pas même du travail et du pain au peuple, qu'elles n'aboutissent qu'à semer la discorde, mettre aux prises des partis acharnés, accroître les impôts et les dilapidations, et faire payer au peuple le prix de la corruption de ses représentants, confondre parfois quelques vampires qui sont bientôt remplacés par d'autres pires encore.

La Philosophie a pris, sur ce sujet, l'effet pour la cause ; elle ignore que le gouvernement représentatif doit venir à la suite du régime des garanties ; être un résultat des garanties, et non pas une voie d'avénement à ce régime, où l'on doit marcher par la réforme du commerce mensonger et du morcellement agricole.

3.° Un troisième besoin récemment éclos, est l'*Association industrielle*, chose dont on ne connaît guère que le nom, déjà dénaturé par les sophistes et devenu vide de sens par ses fausses applications.

Le régime sociétaire consiste à savoir réunir *passionnément* 3 à 400 familles agricoles et inégales en fortune. Les écrivains qui ont brodé sur le mot association n'ont pas abordé ce grand problème : au contraire, on voit des spéculateurs, comme la secte Owen, se vanter de savoir former l'*association*, quand ils ne savent fonder que le *monachisme* industriel, que des réunions établies par statuts, et si éloignées du vœu des passions, que ni les Sauvages ni les Civilisés voisins, ne veulent les imiter. Elles ne remplissent aucune des conditions telle que :

Attraction industrielle et minimum.

Emploi harmonique des discords.

Répartition satisfais.te aux 3 facultés : capital, travail et talent.

Justice et vérités lucratives.

Education attrayante.

Eclosions subites des vocations.

Equilibre spontané des passions.

Concours d'intérêt individuel avec le collectif.

Fusion affectueuse des 3 classes.

Voilà seulement 9 conditions, entre beaucoup d'autres, à imposer aux fondateurs d'association. Il faut y ajouter le quadruple produit, sans lequel on ne pourrait pas concéder au peuple un *minimum* d'entretien ; mais ce quadruple produit est un résultat de l'Attraction industrielle.

On verra, dans le cours de cet abrégé, combien la secte Owen est loin de remplir aucune des conditions du lien sociétaire. Elle n'a en sa faveur que des jactances de philanthropie et des doctrines de parti, comme la suppression des cultes religieux et de l'esprit de propriété, qui, au contraire, doit en Association recevoir 4 développements de plus, savoir :

1.° *Garantie de mobilité du fonds par le régime actionnaire.*
2.° *Garantie de possession et transmission contre tous pièges.*
3.° *Garantie de revenu par solidarité et assurance générale.*
4.° *Garantie de propriété minime par petits coupons d'actions.*

—

Les trois exemples cités, prouvent qu'en se livrant aveuglément aux sophistes, sans leur tracer des limites, sans leur imposer des conditions, le monde social se prive de toutes les découvertes dont il sent le besoin ; il décourage le génie inventif, qui ne peut pas se façonner aux formes suaves, au caméléonisme littéraire ; il nuit aux sophistes mêmes, qui, très-dépourvus de sujets, auraient besoin qu'un inventeur fécond leur fournît ses canevas à broder ; enfin il égare l'opinion, car lorsque les beaux esprits ont bâti sur un mot tel qu'*association* ou *garantie*, cent systèmes faux, le public en vient à croire qu'on a tout dit sur cette matière quand on ne l'a pas même effleurée.

Telle est la duperie où tombe notre siècle, par sa manie de ne pas faire de distinction entre le *génie* et *l'esprit*, donner tout à l'un et rien à l'autre, ne pas dispenser le génie des formes littéraires auxquelles il ne peut pas se ployer, vouloir partout de la flatterie, *partout de la muscade*, dit Boileau, ne pas considérer qu'une fois l'invention constatée, il se trouvera le lendemain cent arrangeurs qui sauront la farder de style académique ; mais qu'un inventeur étant nécessairement en contradiction avec son siècle, il serait suspect de n'apporter rien de neuf, s'il débutait avec le patelinage des sophistes et leurs formes adulatrices. Une société d'opposition scientifique aurait remontré l'opinion sur tous ces travers qu'on donne pour perfectionnement de raison et qui ne sont que scandales d'anarchie.

On a vu que les sciences fixes, par leur indulgence pour les incertaines, ont fortement contribué à la longue durée de cette anarchie et des ténèbres sociales. Du reste, la découverte de nouvelles sciences est un coup de fortune pour tous ceux qui cultivent le quadrille des incertaines. Je leur donnerai des détails sur l'immensité de richesses et de gloire que leur offre le nouveau monde scientifique.

Les sciences fixes et les conjecturales ont elles-mêmes besoin de s'ouvrir une carrière et puiser à de nouvelles sources ; elles sont arrêtées et presque paralysées, échouant sur tous les problèmes. La médécine ignore la plupart des antidotes spéciaux ; ceux contre la goutte, l'épilepsie, l'hydrophobie, sont encore à découvrir. La science n'a point de méthode pour déterminer les remèdes inconnus ; elle est réduite à attendre que le hasard les lui livre, comme il est arrivé du kina et du mercure : ce n'est point à la science, mais à des chances fortuites qu'on a dû la connaissance de leurs vertus curatives. Une des sciences neuves, l'Analogie, dévoilera tous les remèdes inconnus.

Les botanistes sont, comme les médecins, dépourvus de méthode en investigation. Ils passèrent 3,000 ans avant d'apprécier le café, qui fut dédaigné, foulé aux pieds dans les champs de Moka, jusqu'à ce que des chèvres qui en broutaient les branches, eussent décelé, par leur ivresse et leurs bonds, les propriétés de cette fève. L'Analogie révélera aux botanistes les propriétés de chaque végétal.

La Physique est sur divers points très-novice ; elle échoue sur les problèmes neufs, comme celui du magnétisme. La Géométrie même est très dénuée de moyens, car elle ne peut pas avancer en algèbre au-delà du 4.e degré. L'Analogie lui enseignera à résoudre facilement les équations du 32.e degré.

Nos sciences, en étude du mouvement, ont à peine parcouru un dixième de la carrière ; elles ne savent qu'observer quelques effets visibles, sans indiquer aucune cause. Qu'on demande aux physiciens et astronomes pourquoi Dieu à donné 7 satellites à Saturne et 4 seulement à Jupiter qui est double en grosseur ? Pourquoi un anneau à Saturne et point à Jupiter ? Les savants sur ces questions se retrancheront dans la profondeur des mystères et l'épaisseur des voiles d'airain. Raisons d'escobards ! Bientôt les petits enfants sauront, par la théorie des causes et l'Analogie, expliquer les règles que Dieu suivit dans cette distribution de l'univers sur laquelle nos sciences ne nous donnent d'autres lumières que les impossibilités et les impénétrabilités, verbiages auxquels l'Evangile répond : *Quærite et invenietis.*

Et sur les passions, que nous ont appris nos sciences ? Qu'il faut les réprimer. Dieu est donc un mécanicien bien inepte d'avoir placé dans nos âmes des ressorts dont il faut arrêter le jeu. C'est sur cette grande énigme du mécanisme d'harmonie des passions qu'on doit sentir la nécessité d'une science neuve. Je l'ai beaucoup simplifiée, après 30 ans d'études ; mais pour disposer le lecteur à la comprendre facilement, il faut le dégager d'abord de sa prévention pour les 4 sciences philosophiques, l'éclairer sur l'anarchie qu'elles ont établie dans le monde savant et dans le monde industriel.

Chapitre II.

Indices de l'Anarchie Industrielle.

Pour dissiper les illusions de bonheur qu'on fonde sur l'industrie, j'examine d'abord l'état de l'Angleterre, contrée qui a fait le plus de progrès dans cette carrière. C'est le pays que les Economistes nous donnent pour modèle. Analysons le bien-être de son peuple.

Aux époques de prospérité, on compte habituellement dans Londres 230,000 pauvres, dont 115,000 sont à la charge des paroisses, 115,000 sont mendiants, filous, vagabonds, gens sans aveu, parmi lesquels 30,000 filles publiques.

On compte dans Londres : — 3,000 recéleurs, dont un riche à 20 millions, — 3,000 juifs qui excitent les domestiques à voler leurs maîtres, les enfants à voler leurs pères, et qui distribuent de la monnaie de mauvais aloi.

Ces extraits du tableau de Londres suffiraient seuls à donner une idée du bonheur que procure l'industrie civilisée. Passons de la capitale aux provinces. Ecoutons sur leur misère des personnages bien dignes de foi, et d'abord l'assemblée des artisans principaux de Birmingham (21 mars 1827), attestant « que l'industrie et la frugalité de l'ouvrier ne peuvent pas le mettre à l'abri de la misère ; que la masse des ouvriers employés à l'agriculture et aux manufactures est nue, qu'elle meurt réellement de faim dans un pays où il existe surabondamment de vivres. »

Voilà le fruit des systèmes d'industrialisme, bons pour enrichir la finance, le haut commerce, la grande propriété, et ne laisser au peuple que la faim et la nudité pour prix d'un travail de forçat, exercé souvent dans des ateliers où il est enfermé 18 heures par jour.

Voici sur ce sujet une attestation curieuse :

Chambre des Communes, 28 février 1826. — M. Huskisson, ministre du commerce dit : « Nos fabriques de soieries emploient des milliers d'enfants qu'on tient à l'attache depuis 3 heures du matin jusqu'à 10 heures du soir. Combien leur donne-t-on par semaine ? Un schelling et demi, valant 37 sous de France, environ 5 sous 1|2 par jour pour être à l'attache 19 heures. »

La vie animale étant plus coûteuse en Angleterre qu'en France, leur solde de 5 sous 1|2 par jour équivaut à 4 sous de France.

M. Huskisson évite de dire que ces enfants sont surveillés par des contre-maîtres munis de fouets dont on frappe tout enfant qui s'arrête un instant, et qu'on ne les laisse pas même sortir.

pour les besoins naturels : ils ont un cabinet dans l'atelier même. On les soumet à cent autres vexations.

Ainsi, grâce aux perfectibilités gasconnes d'industrialisme et productionalisme, voilà l'esclavage rétabli de fait, et plus vexatoire que pour les nègres même, qui ont des moments de repos. Le peuple anglais, avec ses libertés et sa souveraineté, est torturé par ses chefs mercantiles, comme les nègres par les féroces colons des Antilles.

Il en est de même des militaires anglais. Sir R. Fergusson a présenté au parlement un tableau des quantités de coups de fouet, de bâton et autres supplices infligés à l'artillerie, qui en tous pays est la plus disciplinée de toutes les troupes. Je regrette d'avoir perdu ce tableau, qui place les militaires anglais au niveau des nègres quant aux châtiments.

Eh ! quel est le résultat de ces tortures exercées sur les classes inférieures? Une richesse colossale parmi 300 familles aristocratiques et quelques marchands; mais, en somme, l'Angleterre est si pauvre, que sur 14 millions d'habitants (Angleterre et Ecosse) il en est 6 millions qui n'ont pas plus de cent francs de salaire annuel par personne, dans ce pays où tout est plus coûteux qu'en France. Aussi sont ils nus et mourant de faim, comme le certifie l'assemblée de Birmingham. En Irlande, pays d'agriculture, la pauvreté est aussi affreuse, si toutefois elle n'est pire.

Voilà le cercle vicieux bien constaté : l'Angleterre sous le régime des grandes propriétés, l'Irlande sous celui des petites propriétés, arrivent toutes deux au même écueil, à l'extrême indigence. Tels sont les fruits de l'industrie civilisée, dont j'indiquerai en 6.e section les nombreux défauts. Le principal est le morcellement; mais dans les pays de grande culture il est cent autres vices qui conduisent au même résultat, à l'indigence de la multitude.

Et dans la France, la soi-disant belle France, l'ouvrier est-il moins misérable qu'en Angleterre? Il faut voir de près comment sont nourris, vêtus et logés les habitants des provinces très-industrieuses, Auvergne, Limousin, Cévennes, Bretagne, Alpes, Jura, et même des environs de grande fabrique, telles que Lyon et Paris. Qu'on examine le sort des ouvriers de la manufacture de glaces au faubourg St. Antoine.

La Suisse, tant vantée pour sa liberté et sa moralité, est au même degré de misère dans les cantons les plus laborieux. Rien n'est si pauvre que les ouvriers de Saint Gall et autres fabriques suisses. D'ailleurs la Suisse vend des hommes à toutes les couronnes. Si le paysan suisse était heureux chez lui, il ne se vendrait pas ainsi.

Dans les pays barbares ou mixtes, la classe industrieuse est également misérable. Les Chinois et les Hindous, justement renommés par leurs cultures et leurs fabriques, sont si pauvres, que le peuple ne fait par jour qu'un repas, borné à une petite ration de riz crevé dans l'eau et sans sel. Puis, pour apaiser sa faim, ce peuple mange la vermine dont il est couvert; effrayant résultat de l'industrie morcelée, organisée en régime familial ou fourmilière de petits ménages.

Cette industrie est évidemment une dérision de la nature contre les peuples Civilisés et Barbares. Il est clair que l'excès du travail les conduit à la même pauvreté que l'excès de fainéantise. L'Espagnol, dans son apathie, a du moins un avantage, c'est qu'il est assuré de trouver du travail quand il lui plaira d'en accepter. Cette garantie manque aux salariés de France et d'Angleterre, et même aux provinces industrieuses d'Espagne telles que la Catalogne.

A quoi donc servent les prouesses industrielles et les théories économiques, si la science donne toujours des résultats contraires à ses promesses, et si elle conduit notre peuple à être plus malheureux que les Sauvages, qui, même dans le cas de pauvreté, ont sur nos salariés le triple avantage de liberté, insouciance et espoir d'abondance à la suite d'une bonne chasse. Chez nous, au contraire, la classe productive emploie tristement toutes les belles années de sa vie à tenter de se faire une réserve pour ne pas mourir de faim dans la vieillesse; il est fort peu d'industrieux qui atteignent ce but; encore dans leurs succès sont ils misérables, car ils n'ont de quoi vivre et végéter qu'à l'âge où on ne jouit plus de la vie.

—

Des évènements récents, tels que la crise de pléthore industrielle survenue en 1826, ont si bien dissipé les illusions, que déjà la science économique en vient à se dénoncer elle même.

Un débat s'est élevé dernièrement sur ce sujet entre deux coryphées de l'Economisme, MM. Say et Sismondi. Le second, revenant de visiter les perfectibilités d'outre mer, a déclaré que l'Angleterre et l'Irlande avec leur industrie colossale, ne sont que de vastes amas de pauvres, que l'industrialisme n'est jusqu'à présent que la région des chimères.

Son collègue, J.-B. Say, a répliqué pour l'honneur de la science; mais, à parler net, la pauvre science a été confondue par la catastrophe pléthorique de 1826, qui a convaincu le système commercial d'impéritie et malfaisance.

Les Economistes répliqueront bien encore par quelques systèmes qui seront le chant du cygne. Il faut, en controverse, tomber avec grâce, comme le gladiateur romain.

Un autre Economiste, M. Charles Dupin, a prétendu tout récemment que cette misère des peuples civilisés cesserait si le peuple réunissait l'instruction à l'industrie, et il a proposé au midi de la France, les provinces du nord pour modèle. A son ouvrage est jointe une carte où la fameuse Touraine, surnommée le jardin de la France, est enluminée de noir, comme repoussant la lumière et refusant de défricher ses terres.

Examinons, en réponse, quel est le bonheur des provinces du nord de France. Amiens, Cambray, St. Quentin, sont de célèbres foyers d'industrie, et pourtant, au centre commun de ces trois villes, aux environs de Péronne, on voit le paysan Picard si misérable sous ses huttes de terre, qu'il n'a point de lit : il ramasse des feuilles dont il se fait, pour l'hiver, une litière qui bientôt se change en fumier parsemé de vers ; de sorte que le père et les enfants, au réveil, s'arrachent les vers attachés à leur chair La nourriture dans ces huttes est de même élégance que le mobilier.

Tel est le sort d'une population qui fabrique les batistes et les schalls kaschmire dont nos dames sont couvertes. Les ouvriers des montagnes de Saint-Etienne qui manufacturent les fameux colifichets de rubans, sont réduits à pareille misère, et le maître fabricant refuserait de l'ouvrage à une famille qui voudrait manger autre chose que des raves ou des pommes de terre.

Tel est l'effet d'une concurrence outrée : plus la rivalité mercantile est active, plus l'ouvrier est rançonné, affamé par le fabricant cupide, qui, s'efforçant de réduire les salaires pour arriver promptement à une grande fortune, entraîne ses concurrents d'autres pays à réduire de même les salaires et assassiner l'ouvrier. Celui ci, placé entre la famine et le gibet, se voit forcé de souscrire au travail le plus ingrat. C'est par cet appauvrissement progressif de l'ouvrier que les fabriques renommées, St.-Gall, Roubaix, Nîmes et autres, soutiennent la concurrence de l'Angleterre, qui, avec ses momeries de liberté, a poussé plus loin que tout autre pays l'art de torturer la classe productive, et entraîne peu à peu, à ce régime vexatoire, tout pays qui veut soutenir la concurrence avec elle. Ainsi, le résultat de notre frénésie d'industrialisme est de conduire les peuples d'Europe au degré de misère où sont parvenus ceux de Chine et d'Indostan.

La masse d'une nation tire-t elle quelque bénéfice de cette frénésie d'industrialisme, de cet appauvrissement des classes ouvrières? Non, il n'y a de profit dans cet odieux régime que pour quelques chefs de manufactures, puis pour quelques agioteurs et cosaques mercantiles, écumeurs de l'industrie : le propriétaire et le cultivateur n'y trouvent aucun avantage.

Parfois les Economistes confessent quelques-uns des vices de l'industrialisme ; ainsi, M. Malthus a signalé comme voie de cercle vicieux la population croissante et illimitée dont Stewart avait de même reconnu l'inconvénient. D'autre part, M. de Sismondi a dénoncé la consommation inverse, qui, se fondant sur les fantaisies et raffinements des oisifs, exclut le producteur primitif de participer aux biens qu'il a créés.

Que sert de confesser deux symptômes de mal, quand il en existe cent? Notre système de morcellement agricole et fourberie commerciale, est un cercle vicieux qui se compose de plus de cent écueils ; il faut les dénoncer tous (je le ferai en 6.e section); à défaut, on donne des forces au mal en l'attaquant si mollement.

Si on eût analysé en masse les monstruosités du mécanisme actuel, ce tableau aurait fait comprendre que l'industrie devant échouer inévitablement sur quelqu'un des écueils, il faut, au lieu de correctifs partiels et illusoires, attaquer l'ensemble du mécanisme actuel, aviser aux moyens d'y substituer un ordre fondé sur des bases différentes, établir un régime sociétaire et véridique à la place du système de morcellement et de fourberie nommé Civilisation perfectible.

D'ailleurs, si l'on ne trouve que de loin en loin, de dix ans en dix ans, un écrivain assez hardi pour sortir de l'ornière, signaler l'un des caractères vicieux de la Civilisation, *sans en indiquer le remède*, si, dis-je, ils y vont de ce train, il s'écoulera 3,000 ans avant qu'ils n'aient dénoncé 300 caractères constituants du système civilisé, sans indiquer de remède à aucun des 300 vices ; après quoi il restera à les classer et en chercher l'antidote. Voilà ce qu'ils appellent un vol rapide, un perfectionnement de Civilisation perfectible.

Quand on est dans un labyrinthe, il s'agit d'en sortir et non pas de le perfectionner ni d'en parcourir les détours ; il faut en chercher et trouver l'issue.

En critiquant l'industrie civilisée, je suis loin de me rallier à l'avis des idiots qui voudraient détruire les fabriques. Je veux seulement préparer les esprits à l'examen du mécanisme sociétaire ou régime d'attraction industrielle et de vérité garantie, qui élèvera subitement le produit général au quadruple, c'est-à-dire que la France dont le revenu actuel est évalué 6 milliards, donnera dès la première année du régime sociétaire 24 milliards, valeur effective, car on ne pourra pas quadrupler la masse du signe représentatif.

Cet accroissement de fortune serait bien illusoire, s'il ne devait servir, comme aujourd'hui, qu'à multiplier les fourmilières de misérables et n'enrichir que les oisifs et les chefs d'atelier, sans établir un régime distributif qui garantît aux classes inférieures une participation proportionnelle dans l'accroissement de richesse, et un *minimum* d'entretien décent, dont le recouvrement aura pour garant le produit du travail devenu attrayant, aussi attrayant pour le peuple, que le sont aujourd'hui les réunions de guinguette, où il va le dimanche dissiper ses épargnes de la semaine.

—

Si l'on doute de la déraison de notre siècle, il suffira pour s'en convaincre d'envisager quelques ridicules du système commercial. J'en donnerai une série de 60 ; il suffit, par aperçu, d'en citer trois.

1.° *La Complication :* Une mécanique dont les rouages augmentent sans cesse pour un travail qui reste le même. Les marchands sont aujourd'hui quatre fois plus nombreux qu'ils n'étaient il y a un demi-siècle, et cependant un marchand est improductif ; ils absorbent quatre fois plus de capitaux, qu'ils enlèvent à l'agriculture, dénuée de fonds, n'en obtenant qu'à prix usuraire.

Chacun sait qu'il faut dans chaque travail chercher à réduire la masse d'agents et de machines au lieu de l'augmenter : comment nos industrialistes méconnaissent-ils, en affaires générales, un principe qu'ils sauraient si bien pratiquer pour leur intérêt personnel ?

A cela ils répondent que cette pullulation d'agents produit un bien qui est

2.° *La Concurrence mensongère :* Assurément ce serait un grand bien que la concurrence *véridique ;* mais la lutte actuelle n'est qu'une lutte de fourberies ; tout marchand s'exerce aux astuces en se fondant sur le principe *qu'il y a dix fois plus d'ignorants que de connaisseurs en achats.* Dès lors les chances de gain par la tromperie sont en nombre décuple des chances de gain par la vérité. D'ailleurs les Civilisés sont injustes, n'apprécient point la vérité ; le faux est leur élément : celui qui les trompe gagne toute leur confiance.

En somme, nos politiques mercantiles justifient un mal évident qui est la complication, par un autre mal qui est la concurrence mensongère ; plus les marchands sont nombreux, plus on est trompé.

3.° *Le Monopole maritime insulaire :* Ce honteux dénouement des systèmes mercantiles aurait dû dessiller les yeux. En voyant tous les peuples soumis à une tyrannie inattaquable par les voies directes, on en vient à l'opinion exprimée en commençant, que l'industrie actuelle semble un présent perfide, une dérision de la part de la nature, une punition infligée au corps politique et aux individus.

Si la Philosophie moderne eût été sensible à l'honneur, elle se serait indignée de cet affront ; elle aurait suspecté le système commercial, et aurait proposé l'invention d'un moyen de lutte indirecte contre le monopole insulaire, moyen qui n'est autre que de sortir du mécanisme de concurrence mensongère et établir la véridique.

Bonaparte rêva cette lutte ; mais, en politique, il était despote et non pas ingénieux ; aussi en resta t il aux bateaux plats et autres platitudes, comme son respect pour les agioteurs, dont il fut à la fin victime : il méritait de tomber sous leurs coups, pour les avoir si sottement révérés (1).

Rien n'était plus aisé que d'abattre le monopole insulaire, sans coup férir, et par des dispositions purement politiques. Je renvoie ce sujet au chapitre des Garanties : venons à l'anarchie industrielle.

Sur tous les globes, l'industrie commence par l'ordre faux, concurrence individuelle et mensongère, et monopole fiscal simple, sans contre-poids. Ces deux vices se partagent le domaine commercial, tant qu'on ignore le régime de concurrence collective ou contrebalancée dont le germe existe visiblement dans le système des monnaies.

L'Antiquité ne pouvait guère s'occuper de cette invention ; ses peuples agricoles méprisaient le commerce ; d'autres, comme les Tyriens et Carthaginois, s'y enrichissaient et ne songeaient pas à en corriger les vices.

Nos théories dites énomiques auraient dû s'en occuper Elles naquirent il y a un siècle, et leurs auteurs se créèrent une science à peu de frais, en prônant la concurrence mensongère et tous les désordres mercantiles qu'ils trouvèrent etablis.

---

(1) On pense communément que c'est la campagne de Russie qui a causé sa perte. Non, elle était bien concertée et aurait réussi pleinement si elle eût été commencée à temps, au 15 mai, comme celle de Friedland ; mais il traîna en longueur ; les Turcs se crurent joués et accommodèrent avec les Russes. Il se priva ainsi d'un allié dont la diversion eût été décisive.

D'autre part, il perdit un temps précieux à surveiller des agioteurs qu'il aurait dû punir, en faisant saisir et vendre à prix coûtant leurs amas de farines, qui détournées de la circulation causaient une famine factice. On reconnut bien l'année suivante, par les excédants, qu'il n'y avait pas eu famine directe par déficit de denrées.

En commençant sa campagne à temps, et prévenant ainsi la défection des Turcs, il aurait forcé la Russie à rétablir du plus au moins l'ancienne Pologne, et il aurait pu être de retour et en sûreté dans Vitepsk à l'époque où il partit de Moscou ; mais cet homme qui faisait trembler les rois, tremblait à son tour devant les agioteurs.

Les philosophes donnent dans le même travers ; audacieux pour attaquer les trônes et les autels, ils tremblent devant la fourberie mercantile, n'osant ni la dénoncer ni mettre au concours la recherche des correctifs.

Ainsi, les savants et les monarques sont devant le Commerce, comme l'oiseau devant le serpent à qui il se livre. Un faux principe de concurrence les a tous fascinés ; ils n'admettent pas même d'exception dans les cas urgents ; il faut obéir aveuglément aux agioteurs, même quand il est avéré qu'ils machinent le désastre général. Robespierre disait dans le même sens : Périssent les colonies pour sauver un principe. — Bizarrerie digne de la Civilisation ! Elle s'immole pour les faux principes et foule aux pieds les bons.

En effet, le mécanisme de l'industrie civilisée est faussé dans ses 4 bases :

En *production*, par le morcellement des fonctions agricoles et domestiques, la subdivision en familles, qui est la réunion la plus petite, la plus complicative, la plus contraire à l'économie et à la mécanique : elle emploie souvent 100 ouvriers là où suffirait un seul en gestion sociétaire.

En *consommation*, fondée sur le luxe des oisifs et non sur le bien-être des producteurs, paysans et ouvriers, si pauvres en tous pays qu'ils ne participent en rien aux richesses qu'ils ont produites. Le paysan français vend son froment pour avoir du pain d'orge ! vend son vin et ne conserve que de la petite boisson nommée piquette.

En *distribution*, par une concurrence de misère qui tend à réduire les salaires et rédimer les ouvriers affamés ; elle n'augmente le bien-être que pour les classes riches.

En *circulation*, par l'indépendance des intermédiaires nommés marchands, qui deviennent propriétaires des denrées dont ils devraient n'être que gérants subordonnés. Ils élèvent la fausseté au plus haut degré ; ils falsifient les comestibles et matières ; ils entravent alternativement chaque branche d'industrie, par leurs menées d'accaparement, agiotage, banqueroute, usure et autres manœuvres qui spolient la culture, la propriété, et concentrent toutes les richesses entre les mains du haut commerce.

Il est donc évident que l'industrie civilisée est l'antipode de la raison, le monde à rebours, le mécanisme faux, puisqu'elle repose sur 4 bases fausses.

Les premiers Economistes, les Smith, les Quesnay, ne purent pas manquer d'apercevoir ce désordre ; ils auraient dû le dénoncer, condamner en masse tout le mécanisme, et opiner à en inventer un autre qui reposât sur 4 bases opposées à celles que je viens d'analyser.

On devait proposer au concours cette découverte, en s'appuyant du principe de dualité de mouvement posé page 10, déclarer que le mouvement industriel était visiblement un mécanisme faux, et provoquer la recherche du vrai.

Malheureusement pour l'esprit humain, il n'existe en Civilisation aucun corps d'opposition scientifique, aucune corporation intéressée à rappeler les sciences dans la route du vrai, leur tracer la marche, leur indiquer les problèmes à résoudre. De là vient que le monde social, en industrie comme en tout, a donné dans le faux, qui est la voie la plus facile ; voie commode pour les beaux esprits, parce qu'elle dispense d'invention, et favorise le sophisme, la controverse, les systèmes, l'anarchie.

De là vient encore que nos études sur l'industrie, bien tardives puisqu'elles furent négligées de toute l'Antiquité, ont échoué complètement et donné dans le travers comme les trois autres sciences dites Moralisme, Politique, et Métaphysique, toutes trois fort commodes pour les faiseurs de systèmes, qui cherchent à esquiver les inventions, détourner l'attention de tout problème embarrassant, et vanter tout vice en crédit, pour se dispenser d'en chercher le remède.

Aussi nos 4 sciences dites incertaines, philosophiques, sont-elles toutes d'accord à vanter les 4 désordres fondamentaux du mécanisme industriel. La Morale même, qui pendant 3,000 ans avait péroré pour l'auguste vérité, le mepris des richesses perfides, se range à présent sous la bannière du mensonge; abjurant ses antiques et honorables illusions, elle se traîne aux pieds du veau d'or, et prône les trafiquants dont chaque parole est un mensonge.

On peut dire de cette science, qu'elle est dénuée d'instinct pour la vérité. Des hommes qui n'étaient pas moralistes ont entrevu le côté faible du mensonge. Bacon voulait qu'on morigénât les marchands, qu'on répandît des recueils imprimés de leurs fourberies en chaque branche de commerce. De tels recueils seraient bien volumineux aujourd'hui.

On voit par là que Bacon allait au but; il inclinait à réprimer les marchands et non pas les exciter au vice, applaudir à l'impunité de leurs fourberies comme le fait aujourd'hui la Philosophie. En prenant une marche si abjecte, il n'est pas surprenant qu'elle ait manqué la brillante invention de la concurrence véridique, et les progrès sociaux dont celle ci aurait ouvert la voie.

En résultat, les anarchistes industriels, champions des 4 vices radicaux de l'industrie, nous repaissent de pompeux verbiages sur la répartition des richesses, les forces productives, les garanties, contrepoids, balance et équilibre; mais la mendicité est là pour confondre ces sornettes de perfectionnement. Leurs discours, en séance académique, vous enlèvent dans la région des perfectibilités perfectilisantes, vous transportent comme saint Paul, au quatrième ciel; — puis, au sortir de là, vous défilez au bas de l'escalier entre deux haies de mendiants, dont l'aspect donne la mesure de nos perfectibilités en industrie et en politique sociale.

Dans ces deux articles, j'ai préludé sur l'analyse des deux anarchies, scientifique et industrielle; je compléterai ces aperçus au 5.e article, intitulé : *Cercle vicieux du mécanisme civilisé.*

On a déjà pu entrevoir que toute recherche sur la correction du système industriel aurait conduit à des études sur le régime sociétaire opposé au morcellement.

On raisonne vaguement d'association, sans proposer la solution des nombreux problèmes du mécanisme sociétaire. On ne met en scène le mot *association* que pour étouffer la chose.

On considère comme terme et but de l'Association les compagnies actionnaires qui enrichissent quelques chefs et ne produisent aux industrieux que du pain noir et des haillons.

On ne veut point aborder le fond de la question, le problème d'associer une bourgade agricole et manufacturière, composée de 3 à 400 familles inégales en fortune, les organiser en exploitation combinée et unitaire, éviter cette complication de petits ménages qui emploient 100 personnes à tel travail où suffiraient 2 ou 3 dans le cas d'exploitation combinée; enfin, trouver un procédé de répartition propre à satisfaire tout individu, homme, femme ou enfant, sur ses 3 facultés industrielles: *capital* (s'il en a versé), ***travail*** et ***talent***, en affectant trois dividendes spéciaux applicables distinctement à chacune des 3 facultés. Ce problème et vingt autres, dont je parlerai plus loin, sont résolus par la théorie ***des séries passionnelles***, qui sont le procédé adopté par Dieu pour l'industrie sociétaire et la mécanique des passions.

Trois causes ont fait manquer cette première découverte. — La première est que les métaphysiciens ne veulent pas étudier l'homme, l'univers et Dieu; trois études qui conduisent directement à celle de l'Attraction et des Séries passionnelles.

La seconde est que les antagonistes de la Philosophie donnent plus ou moins dans un travers, et surtout dans l'impiété; ils ne veulent pas admettre les attributions essentielles de Dieu,

ATTRIBUTION RADICALE.	***Direction intégrale du mouvement par attraction.***
ATTRIBUTIONS PRIMAIRES.	***Economie géométriq. de ressorts;*** ***Justice distributive, individuelle et collective;*** ***Universalité de Providence.***
ATTRIBUTION PIVOTALE.	***Unité de système et analogie des branches.***

propriétés d'où il résulte que Dieu n'a pas pu créer les passions et l'industrie sans leur assigner un mécanisme digne de sa sagesse, un code sociétaire, dont il fallait faire la recherche par analyse et synthèse de l'Attraction passionnelle, interprète *permanent* de Dieu.

La troisième est l'habitude. Trois mille ans ont façonné le monde policé à croire que la Civilisation est le terme des destins sociaux dont elle n'est que 5.e échelon sur 32; mais les beaux-esprits qui dominent en Civilisation et qui n'aiment point à s'occuper d'inventions, persuadent au monde policé que les échelons Civilisé, 5.e, — Barbare, 4.e, — Patriarchal, 3 e, — Sauvage, 2.e, échelons d'enfer social, sont destin ultérieur et irrévocable. Trois mille ans ont enraciné ce préjugé, qui est maintenant difficile à attaquer, parce que les écrivains et spéculateurs en sophisme craignent la chute des 4 sciences fausses, et pensent que ce serait une perte pour eux. Je prouverai aux corollaires, que du moment où ils renonceront aux 4 sciences fausses pour cultiver les vraies et provoquer la fondation du noyau sociétaire, il sera plus facile à tout écrivain de gagner cent mille écus de rente qu'aujourd'hui cent louis...

Qu'on juge par là de ce que perdent les savants à ne vouloir pas cultiver les 4 sciences intactes et l'analogie, connaissance qui amènerait l'organisation subite de l'état sociétaire et de l'unité universelle, dont les écrivains recueilleraient de si énormes bénéfices. Quelle est leur duperie de se cramponner à 4 vieilles sciences usées, pressurées comme 4 citrons sortant des mains du limonadier, et dont il n'y a plus aucun suc à extraire !

Je traiterai à ce sujet, de l'avantage que trouverait un comité de savants à former le noyau d'opposition scientifique, et publier un journal d'opposition scientifique pour faire appel au génie, lui donner l'éveil sur sa duperie, confondre les 4 sciences fausses, qui ne donnent que des résultats opposés à leurs promesses, et explorer les mines du nouveau monde intellectuel qui s'ouvre à l'esprit humain.

Chapitre III.

Énormité des bénéfices a recueillir de l'Association.

Continuons sur l'objet spécial de ces préliminaires, sur le besoin d'inventer la théorie du régime sociétaire et de le substituer à la complication ruineuse des petits ménages qui prodiguent 300 feux de cuisine et 300 cuisinières là où suffiraient 3 grands feux et 9 personnes.

Ce désordre doit exister sur tous les globes, dans leurs premiers siècles, dans leur âge d'enfance et d'obscurité, où ils ne savent pas encore s'élever au calcul du mécanisme sociétaire. Sur ce sujet, on n'a pas voulu consulter le sens commun et la cupidité, *auri sacra fames*, qui conduisaient tout droit à la recherche du procédé sociétaire.

Ne suffisait-il pas de la cupidité pour apprendre aux Modernes et même aux Anciens, que l'Association serait le vrai Pactole, qu'elle quadruplerait subitement les produits de l'industrie, et qu'on devait mettre au concours cette découverte?

Nous voyons dans le régime Civilisé quelques lueurs qui sont dues à l'instinct et non à la science L'instinct apprend à 100 familles villageoises, qu'un four banal coûtera beaucoup moins en maçonnerie et combustible, que 100 petits fours de ménages dirigés par 100 maladroits, dont la plupart manqueront deux fois sur trois le juste degré de chaleur du four et cuisson du pain.

Le bon sens a appris aux habitants du nord, que si chaque famille voulait fabriquer sa bière, elle coûterait plus cher que les bons vins, même en pays de vignobles.

Une réunion monastique, une chambrée militaire, comprennent par instinct, qu'une seule cuisine préparant pour trente, sera meilleure et moins coûteuse que trente cuisines séparées.

Les paysans du Jura, voyant qu'on ne pourrait pas, avec le lait d'un seul ménage, faire un fromage nommé Gruyère, se réunissent, apportent chaque jour le lait dans un atelier commun, où l'on tient note du versement de chacun; et de la collection de ces petites masses de lait, on fait, *à peu de frais*, un ample fromage, dans une vaste chaudière.

Comment notre siècle, qui a de hautes prétentions en Economie et en Association *idéale*, n'a-t-il pas songé à développer ces petits germes d'association *réelle*, en former un système plein, et l'appliquer intégralement aux cinq fonctions, domestique, agricole, manufacturière, commerciale et enseignante, à la plus grande réunion possible ou ménage combiné?

Cette réunion sera d'environ 1,800 personnes. Portée à 2,000, elle commence à dégénérer en cohue, tomber dans la complication et la confusion. Au-dessous de 1,600, elle est faible d'attraction, sujette aux lacunes de mécanisme.

Si l'on a tant tardé à découvrir le procédé d'Association, ou du moins quelqu'une des approximations, c'est que le monde savant, par crainte d'échouer dans cette recherche, n'osait pas la provoquer. Maintenant que la découverte est bien certaine, on peut, sans crainte d'illusion ni d'impossibilité, envisager l'énormité des bénéfices du régime sociétaire. Je vais le distinguer en *positifs* et *négatifs*.

Le bénéfice négatif en Association, consistera à produire sans rien faire, beaucoup plus que des Civilisés forçant de travail.

Par exemple, sur la pêche des petites rivières, on peut, par inaction combinée, par accord sur les époques d'ouverture et clôture de la pêche, décupler la quantité du poisson et le conserver dans des réservoirs à engrais. — Ainsi opèreront les réunions sociétaires dites Phalanges d'Harmonie, occupant chacune un canton d'une grande lieue carrée. Elles obtiendront dix fois plus de poisson, en employant à la pêche dix fois moins de temps et de bras, et en se concertant pour la destruction des loutres dans tout une région.

Sur la gestion des forêts, comme sur celle des eaux, elles trouveront un produit négatif obtenu sans rien faire. En se bornant à n'y pas toucher hors des coupes obligées, l'état sociétaire gagnera, outre le produit du bois, celui du temps qu'on perdrait à le piller, et ce qui est plus précieux, il gagnera la restauration climatérique, dont le désordre actuel réduit les récoltes à moitié de ce qu'elles devraient être, épuise les sources, déchausse les pentes, cause les inondations, sécheresses, ouragans, trombes, et autres excès qui vont croissant.

L'épargne du larcin serait un immense bénéfice de genre négatif ou obtenu sans rien faire. Le fruit est la plus facile de toutes les récoltes, mais le risque de vol empêche les 9/10.es des plantations qu'on voudrait faire, et force la construction de murs très dispendieux et nuisibles.

L'Association aura moins de peine à trentupler les plantations qu'on n'en a aujourd'hui à se clore et à surveiller les larrons. Elle aura une telle affluence de fruits, qu'elle en nourrira les enfants toute l'année, en les conservant par procédés chimiques, et les employant en confitures et compotes.

Remarquons, au sujet de ces mots *confitures et compotes*, qu'il faut spéculer ici sur la pleine culture du globe, car le mécanisme sociétaire ayant la propriété de créer l'Attraction industrielle, effet qui sera démontré dans cet abrégé, les sauvages, les nègres, les barbares, adhèreront subitement à l'industrie attrayante; et lorsque la zone torride sera cultivée par eux sur tous les points, on aura le sucre raffiné à échange, poids pour poids, contre le blé; et dès lors la compote à quart de sucre deviendra pour la classe pauvre une nourriture moins coûteuse que le pain; car le fruit de 3.e choix, fruit à compote et marmelade, ne coûtera presque rien, tant les vergers seront immenses quand le vol ne sera plus à craindre.

Au lieu de cette abondance, les Civilisés sont privés même du nécessaire en fruits, car la peur des larcins les empêche de laisser mûrir le peu qu'ils en ont. Les *bons et simples* habitants de la campagne sont si voleurs, qu'ils ne laisseraient pas un fruit sur un arbre non clos, si on ne cueillait pas avant maturité.

Il faudrait à 300 familles d'un canton civilisé, 300 retranchements murés; ce serait 3 fois plus de travail et de dépenses que les frais de plantations même. Ajoutons à ces entraves, celles de la défiance qu'inspirent les ruses du commerce, les pépiniéristes, qui, selon l'usage de tous les marchands, trompent le plus qu'il peuvent; cette crainte arrête encore beaucoup de plantations.

Il est donc certain que sur la plupart des travaux, comme pêche, vergers, forêts, l'ordre sociétaire gagnera à ne rien faire, ou à faire peu, dix fois plus que les Civilisés ne gagnent en forçant de travail.

Je ne m'arrête pas à énumérer ces bénéfices négatifs, puisqu'il faut abréger; mais n'oublions pas celui du commerce véridique. L'Association, en substituant

La concurrence corporative, solidaire, véridique et simplifiante,

A la concurrence individuelle, insolidaire, mensongère et complicative,

Emploiera à peine le vingtième des bras et capitaux que l'anarchie commerciale ou libre concurrence distrait de l'agriculture pour les absorber à dix fonctions parasites, quoiqu'en disent nos économistes : car tout ce qui peut être supprimé dans une mécanique, sans en diminuer l'effet, joue un rôle parasite. On fait un tourne-broche avec 3 roues : si un ouvrier trouve moyen d'y introduire 60 roues, il y en aura 57 de parasites. C'est ainsi qu'opère le commerce mensonger, système des économistes.

La complication ne se borne pas aux agents: elle s'étend en même rapport aux capitaux, puis aux transports et avaries. Une *Phalange* industrielle, ou canton sociétaire, ne ferait qu'une seule négociation d'achat ou de vente, au lieu de 300 négoces contradictoires, employant 300 chefs de familles, qui vont perdre dans les halles et cabarets 300 journées, à vendre, sac par sac, telles denrées que la Phalange sociétaire vendrait en totalité à 2 ou 3 des phalanges voisines ou à une agence de commission provinciale.

L'étude des langues est encore de ces travaux très-pénibles qui produisent *moins que rien.*

Dès le début de l'état sociétaire, on adoptera un langage unitaire provisoire (peut-être le français) que tout enfant sera élevé à parler dès le plus bas âge. Dès-lors, chacun, sans étude des langues, pourra communiquer avec tout le genre humain, et en saura bien plus que celui qui aujourd'hui emploie vingt années à étudier vingt langues, et ne peut pas se faire entendre du quart des nations existantes.

Le bénéfice négatif en Association est ordinairement réciproque, étendu aux deux classes de producteurs et consommateurs. Par exemple :

On voit 100 laitières civilisées porter au marché 300 brocs de lait que remplacerait en Association un tonneau sur char à soupente, conduit par un homme et un cheval, au lieu de 100 femmes, 300 vases et une trentaine d'ânes.

Cette économie s'élèverait du simple au composé, du producteur au consommateur, car le laitier, rendu à la ville, distribuerait son tonneau, ou ses tonneaux, à 5 ou 6 *ménages progressifs*, ménages d'environ 2,000 personnes qui forment les villes en Association. L'économie, déjà cinquantuple sur les transports, le serait de même sur la distribution, bornée à 5 ou 6 ménages, au lieu de 1,000 à qui cette masse de lait se distribue aujourd'hui.

L'économie serait bien plus colossale sur les travaux publics. Un cadastre de France coûtera 100 millions, cinquante ans de travail et sera à peu près inutile, car les limites des propriétés seront changées quand il sera fini.

Un cadastre du globe entier ne coûtera qu'une année et presque point de frais, car chaque Phalange lèvera à ses frais le plan de son canton, et on formera de tout un cadastre invariable, en 40,000 tomes de 3 pieds de haut, contenant chacun cinquante cartes.

500,000 pour la topographie de 500,000 cantons;

500,000 pour les perspectives;

500,000 pour les mers, bas-fonds et autres objets;

500,000 pour les territoires non encore peuplés;

2,000,000 cartes en 40,000 tomes dont on trouvera l'ensemble dans tout chef lieu de province et partie dans chaque Phalange.

Certaines fonctions civilisées absorbent au-delà du milluple de temps nécessaire. Une élection, parmi nous, coûte à chaque électeur environ cinq journées de perte, et parfois davantage, y compris les réunions cabalistiques dont elle est précédée, les voyages, etc.; elle ne coûtera en Association que 2|3 de minute; c'est environ la 4|1000 partie du temps qu'elle consume aujourd'hui.

Je ne m'arrête pas aux économies qui sont entrevues de tout le monde, comme celle de combustible. Une Phalange emploiera 3 grands feux de cuisine là où nous en employons 300 petits; c'est une épargne des 9|10.es au moins, sur la plus forte consommation de bois, celle des cuisines, qui a lieu toute l'année. Cette épargne sera plus efficace que le code forestier.

Nos légistes font des codes forestiers, en dépit desquels la destruction des forêts va croissant. Le vrai code conservateur sera le mécanisme sociétaire, qui épargnera plus de moitié sur la consommation du combustible, peut-être les deux tiers, et qui emploiera à cultiver les forêts, remeubler et boiser les pentes, ces villageois que la Civilisation emploie à ravager les communaux, pour suffire à l'énorme consommation de menu bois que font leurs petits ménages.

Une Phalange chauffe le *Phalanstère* (nom de son édifice), par tuyaux et grands poëles, distribuant la chaleur dans les salles de relations, les galeries et souterrains qui conduisent aux étables et ateliers; elle opère de même pour l'éclairage au gaz, et ne consomme, tout balancé, que le tiers du combustible qu'on prodigue en Civilisation.

Cette société, en thèse générale, présente dans son ensemble deux tiers d'improductifs : j'en donnerai le détail aux corollaires. Dans ce nombre figurent non-seulement les improductifs avérés, comme les soldats, mais encore la plupart des agens réputés utiles, comme les domestiques et même les cultivateurs, qui sont parasites dans un grand nombre de fonctions.

—

Passant du produit négatif au positif, on ne pourra juger de celui ci que lorsqu'on connaîtra les influences de la méthode nommée *séries passionnées*, qui est celle de l'état sociétaire, les moyens de perfectionnement et d'économie qu'elle fournit et qui sont impraticables dans l'état actuel. On verra que les Harmoniens (nom des peuples sociétaires) pourront obtenir souvent décuple produit là où les Civilisés ne recueillent que des riens et ne voient qu'impossibilité.

Par exemple, le cheval Ardennois est la race la plus chétive de l'Europe : à la place d'un Ardennois, qui ne vaut pas cent francs, les Phalanges de l'Ardenne sauront par transplantation et croisemens meubler leur pays de races qu'on paierait aujourd'hui cent louis.

Et comment quadrupler et décupler le produit sur des objets qui ne peuvent donner qu'une récolte? Vendangera-t-on quatre fois par an? Moissonnera-t on quatre fois les blés? Non sans doute, et pourtant je m'engage à prouver que le produit des vignes qui ne compte pas de seconde récolte, comme celui des champs, sera communément quadruple et souvent décuple en certains vignobles, par combinaisons de quatre moyens, savoir :

Température modifiée et équilibrée,
Manutention méthodique et intégrale,
Conserve générale et opportune,
Alliage assorti et coupes journalières.

Un seul des moyens de restauration climatérique, la cessation du fléau nommé *lune-rousse*, garantit pour les champs une triple récolte plus assurée que n'est aujourd'hui la simple récolte, si souvent détruite par les intempéries.

En ajoutant l'épargne des classes détruites par la guerre, qui n'aurait plus lieu, même dès la période 7 (page 5 ci-dessus), par les fatigues, la navigation imprudente, les épidémies, etc., l'on trouvera une différence au moins décuple dans le parallèle de longévité industrielle entre des Civilisés et des Harmoniens nés et élevés en Harmonie. Je dis *longévité décuple en sens industriel*, parce que le travail, devenu attrayant, sera exercé depuis l'âge de 3 ans jusqu'à l'extrême caducité.

L'économie sera au moins vingtuple sur le soin des enfans, très mal gouvernés par les ménagères qui n'ont dans leurs pauvres chaumières ni les ressources, ni le goût, ni les connaissances qu'exige ce soin.

Dans les villes, ils sont tellement assassinés par l'insalubrité, qu'il en meurt sept fois plus que dans les campagnes insalubres. Il est prouvé que, dans les quartiers de Paris où l'air circule peu, la mortalité parmi les enfans jusqu'à l'âge d'un an est de 9 sur 10, tandis qu'elle n'est que de 1 sur 8 dans les campagnes de Normandie. Elle sera à peine de 1 sur 20 dans les Phalanges industrielles.

Les pères trouveront même chance de santé dans l'extirpation de diverses contagions, virus psorique, syphilitique, et autres venins communiqués, tels que les 4 pestes. Elles disparaîtront dès la 3.e année d'Harmonie, par suite de quarantaines universelles.

Les autres maladies, fièvres, goutte, etc., seront réduites à peu près au huitième de ce qu'elles sont aujourd'hui. Cette réduction s'entend de la génération élevée en Harmonie sociétaire, et qui sera, en échelle de vigueur, l'opposée de la nôtre, où le riche est moins robuste que le pauvre. C'est un des mille indices du monde à rebours.

Quant aux individus qui entreront en Harmonie avec des vices de tempérament contractés en Civilisation, le nouvel ordre leur vaudra, en moyen de rétablissement et préservatifs, beaucoup plus de reconfort qu'ils n'en pourraient espérer des meilleures chances du régime civilisé.

On remplirait aisément un volume du tableau des avantages que promet le régime sociétaire, surtout en relations d'Unité, précieuses pour les savants et artistes, qui y gagneraient tout-à-coup des millions plus aisément qu'aujourd'hui leur chétive existence, ainsi que nous l'avons vu précédemment.

Plus ces aperçus semblent gigantesques, plus il importe de s'assurer, par un examen sévère, si la théorie de l'attraction passionnée et du mécanisme sociétaire, d'où naîtraient tant de prodiges, est réellement découverte, s'il est certain qu'il puisse exister plusieurs mécanismes sociaux supérieurs à la Civilisation, qu'on ait l'option sur plusieurs de ces sociétés nouvelles, et que la plus heureuse, celle n.° 8, soit la plus facile à organiser.

On peut, sur ces aperçus, juger de la duperie des philosophes, qui ont perdu 3,000 ans à vouloir corriger et modifier le système administratif, au lieu de porter la réforme sur l'industrie morcelée et mensongère, dont les correctifs sont la véritable voie du progrès social à opérer d'accord avec les gouvernements. C'est à cet accord entre la Science et l'Autorité, qu'on peut discerner les voies de progrès réel.

Si le progrès réel tenait à changer la forme des gouvernements, restreindre leur autorité, comme le veulent les publicistes, Dieu serait donc opposé au perfectionnement social; il serait perfide envers nous; il ne nous laisserait pour aller au bien qu'une voie impraticable : car il donne à tous les gouvernements civilisés une tendance à résister aux réformateurs, et des moyens d'accroître l'autorité, d'empiéter sur le peuple.

Connaissant cette propriété des chefs, Dieu a placé les voies de progrès dans les opérations qui, loin de contrecarrer l'administration, servent tous ses intérêts et seraient appuyées par elle si on savait les lui proposer. Aucun gouvernement n'est intéressé à encourager les rapines et fourberies de commerce, la subdivision des petits ménages villageois, qui n'ont les moyens ni de cultiver, ni de payer l'impôt.

Mais pour découvrir les procédés qui extirpent ces 2 vices radicaux de l'industrie, il faut faire des recherches : *Quærite et invenietis.* Aucune société savante n'a mis au concours ces deux réformes du commerce et de l'agriculture.

On s'est effrayé d'obstacles qui étaient des augures favorables. On a dit : « Si l'on essaie d'associer seulement 3 à 4 familles en ménage domestique, les ménagères seront en discorde au bout d'une semaine; il serait donc d'autant plus difficile d'en associer 30 à 40, et encore plus 3 à 400. »

On ne tomberait pas dans ce faux raisonnement, si on consultait les vues de Dieu relativement à notre industrie. Dieu, que nous surnommons fort bien le Mécanicien suprême, l'Econome suprême, sachant que l'économie et la mécanique ne peuvent s'élever à très-haut degré que dans de grandes réunions sociétaires, a dû établir son plan sur les réunions les plus considérables, comme 3 à 400 familles, nombre au-delà duquel les sociétés *cantonniennes* ou Phalanges seraient obligées d'embrasser un diamètre de 4,000 toises, et perdraient en déplacement et courses lointaines autant qu'elles gagneraient en économies d'exploitation combinée.

Il fallait donc appliquer les recherches et tentatives à un nombre de 3 à 400 familles, et non pas de 3 à 4, ni de 30 à 40 : car si le mécanisme divin est calculé, comme on doit le présumer, pour le plus grand nombre possible, il est sûr qu'il ne sera pas applicable au très-petit nombre, comme 30 à 40, encore moins à 3 ou 4.

Au lieu de s'attacher à cette analyse des vues de Dieu, à cette étude algébrique des destinées, on ne spécule que sur les chaînes de l'habitude, sur les vices du morcellement agricole et fourberie commerciale, consacrés par le temps. Nous voyons des écrivains très-respectables quant aux intentions, encourager la petite production, les misérables chaumières, au lieu de chercher les moyens d'effectuer de grandes réunions sociétaires.

Comment peuvent-ils ignorer qu'une petit producteur est un petit vandale faute de moyens et de lumières. Dans l'arrondissement que j'habitais en 1818, les petits producteurs perdirent tous leurs vins légers; plus de 10,000 pièces tournèrent en juillet, au moment où le cultivateur en a le plus grand besoin pour se garantir de la fièvre. Dans le même pays, les grands propriétaires ne perdirent pas une pièce de vin, parce qu'ils ont, en tous lieux, de bonnes caves et des moyens de rafraîchir, couper et soutenir les vins. *Aux gueux la besace,* dit fort bien le proverbe.

Ces malheureux paysans cherchaient à faire quelque peu de soie pour se procurer quelques écus avant la vente des grains;

mais les trois quarts d'entr'eux voyaient périr leurs vers à soie par la moindre intempérie, parce que le pauvre n'a pas de local bien placé, propre à graduer la chaleur.

A côté de ces pauvres gens, les riches élevaient avec plein succès de fortes masses de vers à soie : ils en faisaient pour cent louis, sans perte d'une obole, sans aucun accident, parce qu'ils avaient les moyens, le local et l'attirail nécessaires.

Après cette double perte de vin et de soie, qui ne frappait point sur le riche, les paysans s'écriaient : *Dieu n'aime pas les pauvres*. Cela est vrai. Dieu n'aime pas la petite culture, le petit producteur; il veut les grandes réunions sociétaires amplement pourvues de moyens ; mais pour former ces grandes réunions il y avait une théorie à découvrir : celle des Séries passionnées, ou mécanique des passions.

J'ai dit que sur tous les globes, comme sur le nôtre, l'industrie commence par le mode vicieux et faux, le morcellement ou incohérence, toute carrière de mouvement étant sujette à l'ordre faux et au règne de mal dans ses deux âges extrêmes Il ne fallait pas grand effort de raison pour juger que ce morcellement agricole et les fourberies commerciales qui en résultent sont le règne du mal, le monde à rebours, dont il faut trouver l'issue. Si telle était notre destinée ultérieure, il faudrait en conclure que Dieu se complaît au règne du mal, qu'il n'a créé l'espèce humaine que pour avilir la vertu et assurer le bonheur du vice.

Mais si Dieu désire que nous sortions de cet abîme de fausseté et de misère qu'on nomme Civilisation, Barbarie, etc., quelle voie d'issue nous a-t-il ménagée? Ce ne peut être que la méthode opposée à celle d'où naît le mal, que l'état d'association et vérité. Or, comment l'organiser, quel ressort employer, quel oracle, quelle théorie consulter? Voilà le grand problème qui aurait dû occuper le monde savant.

Le ressort, c'est l'Attraction ; l'oracle, c'est l'Attraction ; en effet, Dieu l'a choisie parce qu'elle est à la fois interprète et moteur. C'est par analyse et synthèse de l'Attraction, qu'on peut découvrir le mécanisme assigné par Dieu aux relations industrielles. S'il voulait employer un autre ressort que l'Attraction, ce serait donc la contrainte : car Dieu ne peut opter qu'entre ces deux leviers.

Si Dieu eût voulu nous diriger autrement que par l'Attraction, il lui eût été bien facile de se ménager des voies coërcitives, en créant des géants écailleux de 100 et 150 pieds de haut, géants aussi faciles à créer que les grands cétacés, dont le volume développé sous forme humaine donnerait des colosses de 150 pieds, écailleux, amphibies, invulnérables.

Ces géants, initiés à nos arts et retranchés dans quelques îles, où ils formeraient leurs arsenaux, en requérant les matières dans nos ports, pourraient en sortir inopinément pour venir châtier les royaumes rebelles à la volonté divine, détruire leurs flottes, incendier leurs villes, sans qu'on pût tenter la résistance : car avec des fusils ou couleuvrines de 100 pieds de canon et 5 pieds de diamètre, ils lanceraient, d'une lieue de loin, sur nos armées, des gargousses de mille boulets, qui seraient pour eux ce qu'est pour nous du petit plomb; ensuite ils faucheraient les forêts et les jetteraient en fagots enflammés sur nos capitales cernées par eux.

D'ailleurs, Dieu n'a-t-il pas la voie des foudres et des tremblements de terre. S'il n'a pas daigné recourir à ces moyens oppressifs de la législation humaine, c'est une preuve qu'il ne veut opérer que par l'Attraction, qui cumule les deux propriétés d'interprête et moteur plein de charme. C'est le seul agent digne d'un Dieu économe et bienfaisant.

J'ai dit (page 18) que l'étude sur Dieu et ses propriétés est des plus faciles, et qu'on y procède selon la méthode algébrique, ainsi que je viens de le faire, en déterminant *une inconnue*, le ressort d'impulsion que Dieu veut employer dans la direction des sociétés, l'option qu'il a dû faire. Un raisonnement très-court a suffi à lever les doutes.

Il est donc faux que l'esprit humain ne doive pas chercher à connaître Dieu. Pourquoi les philosophes veulent-ils nous en détourner? Ne serait-ce point parce qu'ils auront reconnu que toute recherche sur les vues et les procédés de Dieu conduit à étudier l'Attraction passionnée, grimoire embarrassant pour des écrivains qui, d'ordinaire, veulent aller vîte en besogne, spéculer commercialement sur des publications volumineuses en flattant le préjugé?

D'ailleurs, celui d'entr'eux qui aurait incliné à ce genre d'études, aurait été censuré par ses collègues, comme faux-frère. On lui aurait dit : « Vous soulevez là des questions qui peuvent compromettre notre industrie, qu'il existe ou non un calcul sur l'Attraction passionnée, et sur des chances de société meilleure que la Civilisation, vous et nous ne connaissons pas cette théorie. On n'est pas sûr de la découvrir. Si on la met en scène, si on en provoque les recherches, c'est déconsidérer les controverses qui nous alimentent, c'est donner à penser que la Philosophie n'a pas su explorer la nature, qu'il reste de grands mystères à pénétrer par d'autres voies que nos sciences. Prévenu de cette idée, le public les suspectera, et nous serons décrédités avant d'avoir rien découvert sur cette Attraction. N'est-il pas plus prudent de nier l'existence d'une pareille théorie, et chanter le vol rapide vers la perfectibilité de Civilisation perfectible? Les badauds se repaissent de cette chimère; entretenons leur illusion et continuons à vivre aux dépens de la crédulité. »

Il est bien probable que telle aura été la politique des philosophes. Aucun d'eux n'aura voulu hasarder de sacrifier, comme moi, *trente années*, à l'étude de cette Attraction, sur laquelle auraient facilement échoué de beaux esprits, obstrués de préjugés et manquant d'un instinct spécial pour ce travail.

Ainsi s'explique l'accord du monde philosophique à écarter toute étude de l'Attraction. Aucune société savante n'a mis ce sujet au concours. On donne de beaux prix, des sommes d'argent, à qui débitera des fadaises sur Mithras et Zoroastre, sur la morale et le mépris des richesses perfides, et on ne propose pas même une petite médaille pour la solution du grand problème d'où dépend le sort du genre humain : la découverte du mécanisme sociétaire.

Au contraire, on accueille des illusions dépourvues de théorie, comme celles de la secte Owen, qui se vante de fonder l'association et qui n'a su résoudre aucun des nombreux problèmes de mécanisme sociétaire, dont le premier est de créer l'attraction industrielle sans laquelle on ne peut concéder au peuple un *minimum* suffisant, ni mettre en accord une réunion sociétaire des 3 classes, riche, moyenne et pauvre.

Dans cette réunion, la classe riche ne voudrait pas exercer une industrie répugnante ou même insipide.

La classe pauvre serait, comme aujourd'hui, haineuse contre les riches oisifs, qui tendraient à rédimer et asservir les industrieux.

La classe moyenne participerait des deux vices.

Il faut donc, pour associer, résoudre avant tout le problème d'*Attraction industrielle*, applicable aux 3 classes rétives, qui sont les riches oisifs, les sauvages et les enfants libres

Outre ce problème primordial, il en est vingt autres; et d'abord celui de répartition satisfaisante pour les trois facultés, *capital, travail et talent* de chaque individu, condition que la secte Owen élude, comme toutes les autres, en versant à la masse communale la portion de bénéfice qui n'est pas affectée aux dividendes actionnaires. C'est un monachisme industriel.

Ladite secte, au lieu d'aborder les problèmes, ne sait s'accréditer que par des monstruosités dogmatiques : elle attaque l'esprit de propriété, les cultes religieux; elle prêche la résistance à certaines passions et lâche la bride aux amours; elle reproduit des vieilleries morales et philanthropiques, affublées du nom d'*Association;* elle joue sur le mot sans connaître la chose.

Je regarde cette secte comme la plus dangereuse (ours de la fable) qui ait paru depuis l'existence des sociétés policées, car elle tend à faire négliger le problème sur lequel devrait se fixer l'attention générale. A force de maladresse dans ses établissements, qui ne remplissent aucune des conditions de mécanisme sociétaire, elle en viendrait à persuader qu'il n'y a rien à découvrir sur ce sujet, qu'elle a fait tout ce qui est possible, et qu'il ne reste rien à tenter après elle. Cette coterie Oweniste est donc l'éteignoir du génie sociétaire. Je prouverai, en traitant des approximations sociétaires, qui sont de 14 degrés, que ladite secte ne sait pas même faire en association un pas de tortue, s'élever au moindre des 14 échelons approximatifs.

Mais que penser de l'apathie des corps savants, qui voient l'opinion circonvenue par des charlatans, et ne font aucune démarche pour les démasquer, en leur imposant des conditions à remplir, comme celles d'attraction industrielle et autres? Quelle anarchie, quel oubli des devoirs, quelle subversion dans le monde savant!

Pour éclairer l'opinion sur le problème qui nous occupe, il faut expliquer quel rang le mécanisme sociétaire tient dans l'échelle des destins sociaux : c'est un calcul bien neuf; je n'en donne ici que des aperçus; c'est tout ce qu'on peut faire dans une Préface, où il faut glisser rapidement sur chaque sujet.

Chapitre IV.

Coup d'œil sur l'échelle du mouvement social.

Pour juger de nos lenteurs en carrière sociale, pour se convaincre que la Civilisation, loin de prendre un vol sublime, ne sait pas même faire un pas de tortue, il faut consulter quelques échelles de mouvement, et d'abord le suivant A, qui représente le premier âge, le premier quart de la carrière sociale, assignée au genre humain.

Tableau A.

Echelle de l'enfance du 1.er age du monde social : 9 périodes.

Les créations passées, présentes et futures marquées par un C.

C. 1. — *Bâtarde antérieure : sans l'homme.*
C. 2. — 1. *Associat. instinctive et ébauchée (n'existe plus.)*
C. 3. — 2. *Sauvagerie, refus de l'industrie morcelée.*
3. *Patriarchat, petite industrie morcelée.*
4. *Barbarie, moyenne industrie morcelée.*
5. *Civilisation, grande industrie morcelée.*
6. *Garanties solidaires, ou demi-association.*
C. 4. — 7. *Association simple, demi-attraction industrielle.*
C. 5. — 8. *Associat. composée, pleine attract. industrielle.*

Dans un chapitre spécial, j'étendrai cette échelle jusqu'à 36 périodes. Il suffit de ces neuf premières pour les aperçus à donner dans une Préface.

Chacune de ces périodes est subdivisée en 4 phases, Enfance, Adolescence, Virilité et Caducité, puis en sous phases d'ambigu et d'apogée.

La période *Civilisée*, où nous nous trouvons, est arrivée à sa 3.e phase, selon l'échelle suivante :

Tableau B.

1.re PHASE. — *Féodalité nobiliaire et théocratique.*

2.e PHASE. — *Anarchie démocratique.*

APOGÉE.— *Plein essor des sciences fixes.*

3.e PHASE. — *Anarchie mercantile.*

4.e PHASE. — *Féodalité industrielle.*

Ambigu de Civilisation et Garantisme.

Nous en sommes au règne de l'anarchie mercantile, qui constitue la 3.e phase de Civilisation. Nos philosophes n'ont pas su nous élever à la 4.e, qui, sans être un état heureux, offre déjà l'avantage de restreindre l'esprit mercantile et l'influence du monopole maritime. Il chancèlerait si l'on passait à la sous-phase nommée *Ambigu*, et il tomberait tout-à-fait si l'on s'élevait seulement à la première phase de la période 6.e, qui, selon le tableau A, est le mécanisme des garanties solidaires ou état de Garantisme.

La Civilisation, au contraire, est un mécanisme de licence individuelle, qui ne fournit des garanties ni à la masse contre l'individu, ni à l'individu contre la masse. Fondée sur ces deux caractères anti-sociaux, la Civilisation n'est pas même un germe de raison sociale, encore moins un perfectionnement de la raison, titre qu'elle s'arroge effrontément. — Le règne de la raison ne peut commencer qu'avec le règne des garanties. La Civilisation les rêve, sans savoir en établir aucune.

Le régime des garanties sociales formant la 6.e période de l'enfance humaine, tableau A, doit assurer au plus pauvre des hommes, plus de bien être, qu'il n'en trouverait dans l'état de nature brute, ou Sauvagerie. L'homme est toujours fondé à se révolter contre l'état social et à en méconnaître les lois, s'il n'y trouve pas plus d'avantages que dans l'état de nature. Et quels sont les biens dont il jouit dans l'état sauvage, les *droits naturels* qu'il y exerce pleinement? Ce sont :

LIBERTÉ NATURELLE.	1. *Chasse.* 2. *Pêche.* 3. *Cueillette.* 4. *Pâture.*	5. *Ligue intér.re* 6. *Insouciance.* 7. *Vol extérieur.*	MINIMUM PROPORTIONN.l

Les droits 1, 2, 3, 4, constituent le droit au travail, qui, dans ces 4 branches, n'est refusé à aucun Sauvage.

Les droits 5, 6, 7, sont de très belles prérogatives dont

notre peuple est privé et dont le Sauvage a la pleine jouissance. L'ensemble de ces 7 droits constitue la liberté naturelle que possède le Sauvage.

La société Civilisée dépouille l'homme de ces 7 droits, dont l'ensemble constitue la liberté. Elle ne lui donne aucun équivalent, pas même pour les 4 premiers, qui forment le droit au travail *attrayant*. La Civilisation n'assure pas même à son peuple un droit au travail *répugnant* et salarié dont il est souvent privé. Il ne faut donc pas s'étonner si la nature, dont les inspirations collectives sont toujours justes, inspire au Sauvage une aversion insurmontable pour cette industrie Civilisée, contraire aux 7 droits naturels.

Pour compenser la privation de ces droits, le seul moyen serait d'assurer à l'ouvrier Civilisé un minimum proportionnel dont le Sauvage ne jouit pas, un bien-être assorti au progrès des sciences et des arts, de manière que le moindre des Civilisés fût mieux traité que les Sauvages principaux, les chefs de horde.

Mais du moment où le peuple Civilisé serait assuré de jouir de ce bien-être, il refuserait le travail agricole, manufacturier et domestique, toujours répugnant hors du régime que je décrirai dans cet abrégé, sous le nom de Séries industrielles ou Séries passionnées. L'industrie ne peut pas être attrayante dans les 3 sociétés, Civilisée, Barbare et Patriarcale.

De là vient que la société Civilisée est forcée à être spéculativement injuste, en méconnaissant le droit du peuple au travail et au minimum d'entretien dans le cas d'infirmité ou cessation de travail.

On lui accorde bien un droit d'hôpital, mais c'est une dérision, une torture : le pauvre est traité comme un nègre dans les hôpitaux ; il les redoute et les déteste ; encore n'en existe-t-il que dans les villes, et point dans les campagnes, où un malade pauvre est abandonné.

((Refuser au peuple le droit au travail et au minimum, c'est l'assassiner, le ravaler au-dessous de l'esclave qu'un maître est obligé de nourrir : aussi pour échapper à cette crainte de famine, les serfs polonais vont-ils se revendre quand on leur donne la liberté.))

Le minimum ne peut être concédé que dans le cas où existerait l'attraction industrielle qui garantirait — d'une part, l'empressement du peuple à exercer l'industrie agricole, manufacturière et domestique, malgré le minimum d'entretien qui lui serait avancé ; — d'autre part, l'assurance de recouvrer sur le produit du travail *devenu attrayant*, l'avance qui serait faite au peuple, en fournitures journalières, par la régence du canton.

Si la Philosophie voulait être juste envers le peuple et lui reconnaître le droit à un minimum d'entretien, elle s'imposerait de fait le devoir de découvrir le régime d'attraction industrielle. Or, l'engagement de recherches et découvertes est une corvée qu'elle veut éviter. La fabrique de systèmes et de controverses est un métier commode ; la tentative de découvertes est au contraire une carrière ingrate, soit par les lenteurs d'invention et l'incertitude du succès, soit par les dégoûts dont les zoïles abreuvent un véritable inventeur.

De là vient qu'aucun écrivain n'a voulu s'occuper de ce problème de l'attraction industrielle, quoiqu'on sache fort bien que le bonheur du peuple dépend de la solution dudit problème, d'où dépend aussi le repos de la classe riche, toujours en péril, tant que le peuple, aigri par la misère, est dans un état de guerre intentionnelle avec les propriétaires, qui, de leur côté, sont en guerre active avec lui, et obligés de se concerter pour museler et hébéter ces fourmilières d'affamés.

De toutes les questions de politique civilisée, il n'en est pas de plus faussement envisagée que celle du progrès social. Les savants, les monarques, les peuples, tout s'y trompe ; il ne règne sur ce sujet que d'épaisses ténèbres, qu'il sera fort aisé de dissiper en faisant usage d'une échelle sociale appliquée aux phases.

J'ai donné plus haut une échelle de périodes ; or, chaque période se subdivisant en 4 phases et 2 sous-phases, la carrière totale de 36 périodes assignées aux genre humain, doit se subdiviser en 144 phases et 72 sous-phases.

Nous allons en examiner seulement 20 des plus voisines de l'âge du monde, et tout lecteur qui voudra procéder à ce court examen en recueillera l'avantage de comprendre la désolante énigme des destinées, sur laquelle ont échoué 30 siècles savants ; de pouvoir réfuter toutes les gasconnades politiques sur le vol sublime et les perfectibilités perfectibilisantes ; prononcer en dernier ressort sur tout débat de politique sociale ; savoir juger arithmétiquement sur le progrès réel ou faux ; démontrer que ceux qui chantent le vol rapide, n'ont pris que le vol de l'écrevisse, et nous dirigent en sens rétrograde. Il sera plaisant de leur prouver qu'avec leurs 500,000 tomes de philosophie, ils conduisent le monde social à reculons ; que le peu de progrès qu'on a fait n'est dû qu'à l'instinct, qu'au hasard, et nullement à leurs sciences politiques et morales, qui ne savent pas même faire en avant un pas de tortue, le facile progrès de la 3.e à la 4.e phase de Civilisation.

—

Tableau C.

ÉCHELLE COMPRENANT 20 PHASES ET SOUS-PHASES DE L'ENFANCE DU MONDE SOCIAL.

F. Ambigu de Barbarie et Civilisation.

5.e PÉRIODE.

21. 1.re phase de Civilisation.
22. 2.e phase de Civilisation.

FF. Apogée de la période.

23. 3.e phase de Civilisation.
24. 4.e phase de Civilisation.

G. Ambigu de Civilisation et Garantisme.

6.e PÉRIODE.

25. 1.re ph. de Garantisme ou des garanties solidaires.
26. 2.e phase de Garantisme.

GG. Apogée de la période.

27. 3.e phase de Garantisme.
28. 4.e phase de Garantisme.

J. Ambigu de Garantisme et Sociantisme.

7.e PÉRIODE.

29. 1.re phase de Sociantisme ou Association simple.
30. 2.e phase de Sociantisme.

JJ. Apogée de la période.

31. 3.e phase de Sociantisme.
32. 4.e phase de Sociantisme.

L. Ambigu de Sociantisme et Harmonisme.

8.e PÉRIODE.

33. 1.re phase d'Harmonie divergente, ou Association composée.

Je ne pousse pas plus loin ce tableau, parce que nous ne pouvons nous élever, avec les moyens existants, qu'à la phase 33.e qui est 1.re de la 8.e période.

On a vu à l'échelle A, que les deux périodes 7 et 8 doivent recevoir 2 créations qui formeront le mobilier d'harmonie sociétaire et qui remplaceront les immondices dont les créations subversives 2 et 3 ont meublé notre globe, les 130 espèces de serpents, les 42 espèces de punaises, et autres ordures qui sont vraiment une œuvre infernale, où le bien ne se montre qu'en faibles lueurs. On conservera à peine un vingtième de ces deux créations, quelques bonnes espèces, cheval, bœuf, mouton, etc.

Nota. La 1.re création, la bâtarde ascendante, n'existe plus; on en trouve des squelettes, des fossiles de dimension colossale, des crocodiles de 60 pieds qui attestent qu'elle était de plus grand échantillon que les deux qui nous ont été données depuis, savoir : — 2.e la subversive composée, faite en vieux continent; — 3.e la subversive composée, faite en nouveau continent.

Nous allons recevoir les créations 4 et 5; — 4.e, la neutre simple ascendante, période 7.e; — 5.e, la neutre composée ascendante, période 8.e; — et comme nous passerons immédiatement à la 8.e période en franchissant les 7.e et 6.e, la création affectée à la période 7.e nous sera donnée cumulativement avec celle de la période 8.e C'est pour le genre humain un grand sujet de joie et une source d'immenses richesses, car la création n.o 5 donnera des produits magnifiques en tous règnes.

La planète est fortement travaillée du besoin de créer. On s'en aperçoit à l'abondance du fluide prolifique nommé aurore boréale, et à la fréquence des tremblements des terre, qui sont une répercussion de ce fluide, et cesseront dès que les nouvelles créations commenceront.

Passons à l'examen des retards en échelle sociale, et des causes de ces retards.

Nous sommes à la 3.e phase de Civilisation numérotée 23, et nos sciences, qui se vantent de perfectionner la Civilisation, lui imprimer un vol sublime, ne savent pas l'amener au seul progrès dont elle soit susceptible : c'est l'avènement en 4.e phase, progrès qui serait le pas de tortue, car on n'en peut pas faire un moindre. Mais notre politique ne sait pas faire cette distinction de 4 phases ou 4 âges distingués par des caractères (voyez 6.e section dans l'ouvrage même); elle opère confusément, regardant souvent comme voie de progrès plusieurs caractères de dégénération. Je prouverai qu'elle tend à nous ramener de 3.e en 2.e phase.

Au dessus de la Civilisation, nous aurions eu à parcourir deux périodes, n.o 6, les garanties, et, n.o 7, l'Association, que nous franchirons, mais dont il faut ici prendre connaissance.

Le régime des garanties comprenant les phases 25, 26, 27, 28, est en tout point l'opposé du mécanisme civilisé, qui ne se fonde que sur l'individualisme ou licence anarchique des individus.

Le régime des garanties solidaires, qui est l'issue la plus directe de Civilisation, a pour bases :

En intérêts collectifs, la subordination des propriétés et des opérations de l'individu aux convenances du corps social.

En intérêts particuliers, la garantie d'appui à chaque individu par diverses masses corporativement engagées pour lui.

La Politique Civilisée ne sait établir aucune garantie, pas même sur le matériel sanitaire, comme les constructions insalubres, qui détruisent les enfants; ni sur les contagions, telles que virus psorique, siphilitique et autres; encore moins sur la conservation climatérique, de plus en plus compromise par le ravage des forêts. Nos préventions de fausse liberté et de licence individuelle, ont faussé tous les esprits sur ce qui touche aux garanties sociales.

Cependant la Politique ne rêve que garantie, contrepoids, balance, équilibre, et ne sait pas aviser à la première garantie, celle de travail et subsistance; elle ne s'en occupe même pas. Ainsi la théorie des garanties serait un nouveau monde scientifique pour les Civilisés, et entraînerait un parcours de 6 phases, G, 25, 26, GG, 27, 28 de la période 6.

Nous les franchirons ainsi que les 6 phases de la période 7, que la secte Owen se flatte de fonder. Loin de connaître la théorie sociétaire, elle ne connaît pas même celle des garanties, qui est un préliminaire indispensable; elle ne sait garantir la subsistance que par des statuts monastiques, obligeant chaque sociétaire à faire abandon de ses bénéfices en faveur de la masse, condition qui heurte de front l'esprit de propriété.

Pour traiter méthodiquement de l'esprit d'Association, il faudrait que les sectes Owen ou autres, qui se flattent de lumières sur ce sujet, sussent déterminer les caractères et opérations qui constituent chacun des six échelons sociétaires, J, 29, 30, JJ, 31, 32, et qu'elles sussent indiquer lequel des 6 échelons elles prétendent organiser.

Mais comme il n'existe dans le monde savant aucun corps d'opposition rappelant aux méthodes, aux principes, et signalant la charlatanerie, les illusions, il arrive que chacun, même sans charlatanerie, s'engage et engage le public dans les illusions les plus choquantes, comme le fait Rob. Owen, qui se persuade à lui-même qu'il sait associer, et parvient à le persuader à bon nombre de dupes.

Le but du genre humain en carrière sociale, est la phase 35, la plus élevée où l'on puisse parvenir immédiatement : c'est celle qui commence à réunir les deux associations du matériel et du passionnel, en forme une harmonie spontanée, exempte du frein des lois.

Pour associer les passions, il faut connaître la théorie des contrepoids naturels fondés sur l'option des plaisirs. Tout excès est prévenu par les courtes séances et la succession de plaisirs, avantage dont le plus pauvre des individus, homme, femme ou enfant, jouira sans cesse dans le mécanisme sociétaire distribué par séries passionnées.

En Civilisation, les souverains mêmes ne peuvent pas se procurer cette variété de plaisirs, et n'ont souvent dans toute leur journée qu'un médiocre délassement de boucher, celui d'abattre du gibier que les piqueurs amènent sous leur main.

Les plaisirs, et à plus forte raison les travaux, perdent leur charme au bout de deux heures; la nature veut donc les courtes séances, contre l'opinion de la morale qui veut la monotonie et les longues séances d'une journée dans un atelier, sans autre fonction pendant l'année entière.

Si l'on eût fait, par curiosité, le calcul des courtes séances appliquées à une réunion de 2,000 personnes inégales, de tout sexe et de tout âge, on aurait découvert ou du moins approximé la distribution naturelle des travaux agricoles, manufacturiers et domestiques réunis, le mécanisme des séries passionnées, ou séries de groupes contrastés, d'où naissent les contrepoids de passion, établis sur l'alternat et la rapide succession de plaisirs.

Les moralistes ont rêvé ces contrepoids; mais ne sachant pas en créer de réels, ils en forgent d'imaginaires. Un conscrit est-il emmené la chaîne au cou, — ils lui vantent le bonheur d'aller mourir pour une charte octroyée, mourir pour les amis du commerce Un laboureur est spolié par les garnisaires, — la morale, en dédommagement, lui donne l'orgueil du beau nom d'homme libre. Une jeune fille est privée d'amour, pressée par le tempérament, — ils lui vantent le bonheur de remplir les devoirs sacrés de la morale douce et pure. Un père se plaint de n'avoir pas de quoi entretenir sa nombreuse famille, — ils lui créent le bonheur d'être philosophe, mépriser l'or et l'argent, être riche de tout ce qu'il n'a pas, en sachant le dédaigner.

Les moralistes nous forgent ainsi cent plaisirs saugrenus auxquels personne ne peut rien comprendre, et leur imagination, en ce sens, atteste qu'ils sentent la nécessité de ces contrepoids que la Civilisation ne peut pas procurer, même à la classe riche; car les femmes riches sont fort ennuyées au retour de l'âge, et réduites par vide d'esprit à se jeter dans la dévotion. Aussi seront elles furieuses contre la Civilisation et ses fadeurs morales, quand elles auront parcouru un seul jour une phalange sociétaire, où les êtres les plus pauvres, quels que soient le sexe et l'âge, ont à chaque heure une option de délassement et contrepoids, fondés sur des plaisirs réels, confirmés par le contentement des sens et de l'âme.

Le mécanisme sociétaire n'admet rien de ces langueurs ascétiques données par la morale pour contrepoids aux ennuis, aux misères sociales. Elle nous vante « le bonheur ineffable de réprimer ses passions, être en guerre avec soi-même, et goûter les plaisirs purs de la paix du cœur, au sein de l'innocence villageoise et des vertueuses chaumières, amies du commerce et de l'auguste vérité. »

Toutes ces suavités morales seront bientôt répudiées parce qu'on verra par essai de la phase 33, sur un canton de 1,800 personnes, que la nature humaine a besoin d'une variété proportionnelle de plaisirs, satisfaisant à la fois les sens et l'âme, et qu'on ne peut atteindre à ce genre de bonheur que par distribution des travaux et plaisirs en séries passionnées.

Le genre humain ne s'élèvera aux autres phases d'harmonisme, 34, 35, 36, qu'après que les nouvelles créations lui en auront fourni les moyens; jusque là on ne jouira que d'une harmonie divergente et contrariée en sens matériel par le mobilier des creations 2 et 3 qui sont hostiles contre l'homme.

On voit à l'échelle C, qu'entre la 3.e phase de Civilisation, où nous nous trouvons, et la 1.re phase d'Harmonie, n.o 33, où nous pouvons nous élever, il existe 14 phases ou approximations graduées de la grande harmonie sociétaire; nous franchirons le tout.

J'ai dit que la Philosophie nous dirige en sens rétrograde; en effet, aujourd'hui que nous sommes à la 3.e phase de Civilisation, elle veut obstinément nous ramener à la 2.e, à l'esprit démocratique. Vraie folie de jeunesse pour des sociétés surannées comme les nôtres, qui auraient besoin de s'avancer à la 4.e phase civilisée. Que servent à un peuple ces droits de souveraineté qu'on veut lui assurer? Le but est de procurer au peuple son nécessaire, substance et travail. Mettez en place les libéraux ou leurs antagonistes, le peuple sera toujours également misérable; on aura dans Londres 230,000 pauvres comme auparavant.

Il est donc évident que nous ne savons pas aller au but, avancer en carrière sociale, inventer la 4.e phase de Civilisation, qui serait la plus légère approximation du but. Loin de là, nous rétrogradons en double sens; car les philosophes, avec leur manie de ramener la 2.e phase civilisée, les illusions démocratiques, volcans de révolutions, épouvantent les souverains, à tel point, que ceux ci, pour échapper à la 2.e phase, cherchent à rétrograder en 1.re, en féodalité nobiliaire et théocratique. L'Espagne a adopté cette marche, d'autres y tendent. Voilà donc les deux partis en lutte d'impéritie : l'un nous ramène directement en 2.e phase de Civilisation, l'autre en 1.re Telle est l'exacte analyse de notre vol sublime, qui est visiblement le vol de l'écrevisse.

Une circonstance bizarre de ce galimatias social est que les gouvernements se soient irrités contre la nouveauté, au lieu de s'irriter contre les antiquailles, unique fruit du génie philosophique : celui ci ne sait reproduire que les mêmes antiquailles, toujours l'esprit démocratique, réchauffé des visions d'Athènes et de Rome. Les philosophes ne donnent en nouveauté que le mot et jamais la chose, et les gouvernements sont bien dupes de se passionner contre la nouveauté qui est précisément ce qu'on ne leur a jamais présenté; car la moindre des nouveautés serait la théorie de 4.e phase de Civilisation. Elle plairait beaucoup à tous les souverains; ils y trouveraient les avantages suivants :

Acquérir sans usurpation moitié du territoire.

1. Morigéner le peuple, prévenir séditions et vols.
2. Eteindre subitement les querelles de parti.
3. Prévenir les famines et menées d'accaparement.
4. Accroître d'environ un sixième le produit industriel.
5. Etablir l'assurance universelle, les caisses d'épargne, etc.
6. Prévenir en grande partie l'indigence.
7. Ramener à la culture, majorité des agents et capitaux qu'absorbe le commerce.

Effectuer sans décrets, la restauration des forêts, sources et climatures.

Ces résultats conviendraient à merveille à tous les gouvernements; ils désirent donc, par le fait, la nouveauté, le progrès réel que la Philosophie ne sait pas opérer.

On sera étonné de voir en 7.e section, que ce pas de tortue, cet avancement de l'ordre civilisé en 4.e phase, ne tenait qu'à deux petites opérations très connues de tout le monde, et qui, par leur amalgame, formeraient cette 4.e phase qu'on n'a pas su créer.

On s'étonnera peu de cette impéritie, quand on saura que la Philosophie n'a su mettre à profit aucun des fanaux ou caractères de garantie sociale que l'instinct a répandus parmi nous. Je donnerai un tableau de 40 de ces garanties ou caractères de la 6.e période (échelle C), et greffés sur la 5.e Le plus précieux de ces fanaux est le système monétaire, beau modèle d'unité, d'économie et de vérité garantie; c'est pourtant un monopole fiscal, mais contrebalancé par 2 rivalités, qui sont celles de l'orfèvrerie et du change. Il eût fallu organiser dans le même sens tout le mécanisme commercial, y introduire la garantie de vérité et d'unité qui règne dans la monnaie. C'eût été un pas notable en carrière sociale; ils nous eût conduits :

Ou à l'ambigu de Civilisation et Garantisme,

Ou à la 1.re phase de Garantisme n.° 25.

On n'a pas su profiter de ce fanal, bien visible pourtant, car les monnaies, or et argent, sont l'objet qui fixe le plus l'attention générale.

Au résumé, on voit que nos sciences ne savent aucunement nous acheminer vers le progrès réel, vers la société des garanties qui remédierait aux misères civilisées, et élèverait le produit à moitié en sus, selon cette table de produit, appliquée à la France.

EN PATRIARCHAT. — 3.e période. — 2 milliards.
EN BARBARIE. — 4.e période. — 4 milliards.
EN CIVILISATION. — 5.e période. — 6 milliards.
EN GARANTISME. — 6.e période. — 9 milliards.
EN SOCIANTISME. — 7.e période. — 15 milliards.
EN HARMONISME. — 8.e période. — 24 milliards.

La France, dont le produit actuel est estimé 6 milliards, n'en rendrait pas plus de quatre dans le cas de Barbarie et de deux en Patriarchat, tel que celui des Montenegrins, Circassiens et Corses, guerroyant de famille à famille.

Les périodes et phases engrènent par emprunt de caractères. Par exemple, la Civilisation engrène dans la Barbarie, 4.e période, par le code militaire qui est complètement Barbare, et de même par le monopole simple, tel que celui des tabacs en France, usage de Barbarie pure.

D'autre part, la Civilisation engrène en Garantisme, 6.e période, par le régime monétaire qui est un caractère extra-civilisé, par les assurances, les tontines et retenues corporatives, qui sont aussi caractères de Garantie, étrangers au mécanisme civilisé, dont l'essence est de priver d'appui le faible, et non pas de le soutenir par le secours de corporations garantes en sa faveur.

Par habitude de confondre les périodes et phases, chacun croit que les garanties sociales seraient une Civilisation perfectionnée. C'est comme si l'on appelait Barbarie perfectionnée un état Barbare qui adopterait nos lois et nos coutumes : ce serait issue de Barbarie et entrée en Civilisation, de même qu'une introduction des principales garanties sociales serait une issue de Civilisation et entrée en Garantisme, — régime contradictoire avec le nôtre qui repose sur l'admission des libertés individuelles, opposées au bien de la masse, comme la construction de maisons malsaines qui, à Paris, font périr les sept huitièmes des enfans avant l'âge d'un an.

Lorsque j'aurai assigné des caractères distinctifs à chacune des phases de l'échelle C, on saura confondre les charlataneries sociales et sociétaires, par exemple, en matière de garanties que chaque publiciste se vante d'établir. Les approximations et les degrés des garanties se composent des 5 phases suivantes :

24. LA 4.e PHASE DE CIVILISATION.

RESSORTS { *Les monts-de-piété ruraux.*
Les fermes unitaires communales.

G. L'AMBIGU DE CIVILISATION ET GARANTISME.

RESSORTS { *La discipline commerciale*
ou la discipline agricole.

25. LA 1.re PHASE DE GARANTISME.

RESSORT | *Les 2 disciplines agricoles et commerciales.*

Si un écrivain vante les garanties et promet d'en établir, il doit savoir fonder au moins l'une de ces 3 phases. Pas un d'eux n'en donne les moyens. Au contraire, ils s'accordent tous à prôner les fourberies mercantiles et le morcellement agricole, qui sont deux des premiers vices à attaquer pour s'acheminer au régime des garanties. L'attaque de ces deux vices commencerait dans la 4.e phase de Civilisation et s'achèverait dans les deux suivantes, G et 25.

Ainsi, lorsqu'on aura une échelle de mouvement bien classée, avec distinction d'un grand nombre de caractères et ressorts appliqués à toutes phases et précisant bien chaque échelon, aucun sophiste ne pourra leurrer le public par des illusions de vol sublime : car on le convaincra qu'il ne sait pas même faire des pas de tortue, construire les 3 phases les plus voisines de l'état actuel, indiquer un système de commerce véridique en remplacement des fourberies actuelles, du monopole insulaire et des monopoles simples qu'on trouve en tous pays, par exemple :

Sur les tabacs, en France ; — sur les morues, en Espagne ;
Sur les eaux-de-vie, en Russie ; — sur l'eau, en Perse.

Tant qu'on ne sait pas faire un premier pas, trouver des garanties contre les vices radicaux de l'agriculture et du commerce, on n'a aucune connaissance en Garantisme, 6.e période ; encore moins en Sociantisme, 7.e période.

Dès à présent on peut, par un raisonnement sur ces 3 phases n.os 24, G et 25, dissiper promptement les illusions de Civilisation perfectible que répandent en chorus tous les écrivains philosophiques. Ce sujet fera partie du dernier article où je vais démontrer combien il est absurde de vouloir perfectionner la Civilisation tout en la laissant croupir dans sa 3.e phase, qui est la plus vicieuse des quatre.

Or, lors même qu'on aurait su l'élever à sa 4.e phase, serait-elle devenue une société parfaite? Non, sans doute ; la Civilisation, dans chacune de ses phases, n'est toujours qu'un cloaque de vices reproduits sous diverses formes, qu'un labyrinthe de fourberie, d'hypocrisie, d'injustice et d'oppression. — Quand on la connaîtra bien, l'on verra que les mots Civilisation et Hypocrisie sont synonymes, et que les principes sur lesquels repose cette infame société, ne tendent qu'à garantir à la fourberie les plus grands développemens possibles, et frustrer la classe industrieuse pour enrichir la classe oisive qui n'en est pas plus heureuse pour cela, car on verra au traité suivant, qu'en passant à la 8.e société nommée Harmonisme, les riches actuels quadrupleront leur fortune et vingtupleront leurs moyens de jouissance. J'en donnerai la preuve bien mathématique, bien rigoureuse : tout doit être étayé de démonstrations géométriques dans une théorie où l'on attaque les quatre sciences trompeuses et les préjugés dont elles ont circonvenu l'esprit humain.

Pour résumer sur cet aperçu du mouvement et donner aux lecteurs timides une boussole de direction certaine, il faut les exercer, dit fort bien Condillac, à oublier tout ce qu'ils ont appris des sciences philosophiques et se rallier à l'esprit de Dieu.

Eh! quel est l'esprit de Dieu en direction du mouvement? Quel est son but? Il est évident qu'il tend à deux fins, — *la plus grande rapidité et la plus grande harmonie.*

1.° La plus grande rapidité. — Jugeons-en par la marche des astres. Notre globe, l'un des plus lents, des plus traînards qu'il y ait dans l'univers, fait au delà de cinq cent mille lieues par jour.

Par opposition, la lumière fait huit millions de lieues par minute. Or, la lumière est l'émanation du corps de Dieu, qui est le feu, — *le feu*, seul agent qui jouisse de la faculté vraiment divine, celle de décomposer et recomposer toute la nature, faire renaître le mouvement de sa cendre, éterniser le mouvement.

L'âme humaine, qui est une parcelle de l'âme de Dieu, doit, en mécanique sociale, opérer avec la plus grande rapidité possible comme l'être dont elle émane

Tel est le but du régime sociétaire distribué en Séries passionnées et créant par l'attraction industrielle tant de plaisirs, que tout en les distribuant par courtes séances de une heure, une heure et demie, deux heures au plus, on se plaindra encore que le jour n'ait pas 36 heures au lieu de 24, pour suffire à tant d'intrigues et de délices,—régime bien opposé à celui de la morale qui nous façonne à aimer l'ennui et la monotonie, réprimer nos passions, les retarder, *morari*. Est ce là le but d'un Créateur qui veut évidemment la plus grande rapidité en mouvement?

2.° La plus grande harmonie. — Si l'on veut bien juger des voies de Dieu en harmonie sociale, il faut se garder de lui attribuer aucune idée de médiocrité en accords et en plaisirs. Demandons beaucoup à celui qui peut beaucoup et qui nous aime ardemment; c'est méconnaître sa générosité, c'est l'outrager que de lui demander un bonheur médiocre, comme celui des riches civilisés, souvent fort ennuyés, tellement, que lorsqu'ils auront vu la Phalange d'épreuve sociétaire, ou épreuve en mécanique de passions, ils viendront supplier pour y être admis. On les verra s'apitoyer sur l'ennui de vivre en Civilisation, et acheter à des prix exorbitans la place de quelques plébéiens admis avant eux pour les travaux préparatoires. Ils verront dans ce nouvel ordre social un développement de passions si rapide, si intrigué, si fréquemment varié, que leur genre de vie civilisée leur semblera une langueur insupportable.

Alors on concevra qu'il n'est pas besoin, selon les principes civilisés, qu'il y ait beaucoup de pauvres pour alimenter le faste de quelques riches, car en régime sociétaire, cet extrême bonheur des riches se fondera sur l'aisance, le contentement, l'instruction et la politesse de la classe pauvre.

« Il est donc, va-t-on me dire, bien fâcheux pour nous d'avoir vécu dans cette société civilisée où les riches mêmes sont si éloignés du bonheur! Dieu n'est il pas injuste envers nous de nous avoir fait naître dans ces siècles affectés au malheur social? »

Je répondrai à ces objections au chapitre de l'immortalité de l'âme, où je traiterai succinctement des compensations réservées par Dieu aux générations malheureuses, comme celles des cinquante premiers siècles de notre globule, nommé *la terre.*

Provisoirement, observons que Dieu, en mouvement, ne peut pas l'impossible; il ne peut pas empêcher que la fausseté n'existe et ne tienne un rang *variable* dans le système de l'univers. La tâche de Dieu, comme habile moteur, est de réduire le règne du faux à la moindre durée possible : or, ce minimum de malheur et de fausseté est de 1/4, 1/6, 1/8, 1/12, 1/16, 1/24, 1/32, etc., etc, selon la vigueur des globes et des tourbillons.

Notre tourbillon étant de la classe faible, puisqu'il a beaucoup plus de comètes que de planètes, doit être de ceux où les âges de fausseté comprennent de 1/12 à 1/16 en moyen terme.

Et notre planète étant de la classe très faible (j'en donnerai la preuve) doit comporter en son mécanisme social 1/6 à 1/8 de temps malheureux, distribué par 1/2 sur les 2 âges extrêmes, *enfance* et *caducité*, soit 6 000 ans au début et 4,000 ans à la fin de la carrière, estimée 80,000 ans.

Faut-il conclure de là, que Dieu ne doive pas créer un globe dont les habitans seraient assujétis à un huitième de carrière malheureuse? C'est comme si on prétendait que Dieu ne devait pas créer l'homme, parce qu'il a su que l'homme serait sujet dans l'enfance à divers maux, tels que la dentition, et dans l'age caduc à d'autres souffrances.

Dieu ne se range pas à cet avis; sa passion est de créer et mouvoir le mieux possible. Il ne veut pas vivre dans l'oisiveté et l'ennui, dans une impatience qui serait poussée jusqu'à la rage, selon l'avis de ceux qui pensent que Dieu a créé la matière : ce qui supposerait qu'il a passé, avant de la créer, une éternité dans un état d'apathie, d'ennui et d'impatience poussée jusqu'à la fureur.

En effet, si Dieu se plaît à mouvoir, comme on doit le penser d'après la masse innombrable de créatures qu'il produit (on en distingue à la loupe au moins mille dans une goutte d'eau), il a dû être dans une impatience furibonde pendant cette éternité où il n'avait pas de matière à mouvoir, quoiqu'il fût libre de la créer sans délai. Il se serait donc condamné lui-même au désespoir pendant une éternité s'il était créateur de la matière.

Pour échapper à cette conséquence absurde, disons que les trois principes de la nature et du mouvement,

DIEU, principe actif et moteur,

LA MATIÈRE, principe passif et mû,

LES MATHÉMATIQUES, principe neutre et régulateur,

existent de toute éternité aussi bien que l'ESPACE ou arène du mouvement, arène qui ne peut pas avoir été créée ; car on n'aurait pu la placer nulle part, s'il n'eût pas existé un espace.

Brisons sur ces détails qui nous engageraient dans la métaphysique abstruse, et notamment dans la réfutation du *simplisme*, préjugé qui suppose que Dieu est une âme sans corps, d'où on a conclu, en contre-partie, que l'homme est un corps sans âme.

Toutes ces questions esquivées et dénaturées par nos métaphysiciens, seront éclaircies dès qu'on voudra s'affranchir des préjugés et examiner si leur science qui se dit audacieuse, n'est pas plutôt une couardise spéculative, une escobarderie semblable à celle des criminels qui nient tout, éludent tous les débats, sachant bien qu'ils se couperaient et se décèleraient en avouant la moindre chose. Les métaphysiciens seront bien confus d'avoir adopté cette tactique d'avortons, quand ils connaîtront les immenses développemens dont leur science eût été susceptible, si elle eût osé aborder franchement l'étude de l'Attraction.

Chapitre V.

CERCLE VICIEUX DE L'INDUSTRIE MORCELÉE ET DES SCIENCES INCERTAINES.

Je fais ici un appel aux ambitieux, impatiens d'atteindre subitement à la fortune et jouer un grand rôle dans la politique, tout en se rattachant aux vues des gouvernemens.

En fait de nouveauté, il faut savoir prendre à temps un parti comme fit saint Augustin, qui abandonna à propos le caduc édifice du paganisme.

Nos savans actuels sont une collection de gens moutonniers que toute idée neuve épouvante et qui ne sauraient sortir de l'ornière civilisée ; ils desirent les inventions et ils les repoussent par esclavage de l'habitude.

Cependant ils sentent le besoin d'une nouvelle science, car ils dénoncent eux-mêmes le colosse des ténèbres, la tour de Babel, nommée philosophie incertaine. Bientôt ils déploreront leur hésitation ; les premiers qui déserteront la bannière du faux entraîneront tout et auront tout l'honneur.

Les hommes desireux de s'ouvrir une carrière neuve, conviennent que tous les moyens sont usés, que les quatre sciences dites Morale, Politique, Métaphysique, Economisme, ne sont plus qu'un champ stérile. On a tout dit sur ces quatre sujets.

Voici enfin la nouveauté tant desirée : des sciences fixes qui seront des voies de fortune et de gloire immense. Quel regret pour les sceptiques, lorsqu'ils verront un des écrivains en crédit s'emparer de la palme, s'élever au rang d'orateur de l'unité sociétaire. Pour faire apprécier l'éclat de ce rôle, je vais, dans un dernier article, confondre les illusions de ceux qui espèrent quelque bien de l'industrie civilisée.

Il faut démontrer d'abord qu'elle est un cercle vicieux, un labyrinthe où la politique ne peut manquer d'échouer sur quelqu'un des nombreux écueils dont il est parsemé ; j'en vais citer seulement une douzaine, entre cent et plus.

Je commence par les deux qu'ont signalé avec raison MM. Malthus et Sismondi.

1.° *La surabondance de population.* Steward avait déjà longuement dénoncé cet écueil, dont on se préservera dans l'ordre sociétaire par quatre moyens inconnus aujourd'hui, et sans recourir aux ressources odieuses de l'infanticide et de la guerre.

2.° *La consommation inverse* (1). Il ne faut pas ici complimenter M. de Sismondi d'avoir aperçu ce vice ; mais plutôt censurer tous les économistes qui, depuis un siècle, n'ont pas aperçu ce contresens et tant d'autres de même force, entr'autres les deux suivans qui sont liés à celui-ci.

3.° *La circulation inverse*, maîtrisée par les vampires commerciaux, qui, n'étant ni producteurs ni consommateurs, s'emparent des denrées pour organiser des famines factices, des hausses et fluctuations qui spolient le consommateur et le producteur, et entravent successivement toutes les branches d'industrie, sous prétexte de faire circuler.

4.° *La concurrence inverse* ou surabondance de bras, d'où naît la prostitution de l'industrie, la décroissance du salaire, le concours involontaire des ouvriers à avilir leurs fonctions, se livrer pour une solde chétive à un maître avide qui les enverra mourir de faim quand il aura gagné des millions sur leur pénible labeur.

(1) La consommation en raison inverse de la production ; les producteurs véritables, les travailleurs, consomment peu ; les non travailleurs, les oisifs et parasites, consomment beaucoup.

5.° L'*insolidarité des classes*. Elles doivent être collectivement obligées pour le soutien de leurs individus, et cet engagement, loin d'être onéreux, serait très lucratif pour les obligés, qui y trouveraient double bénéfice, le produit du travail des mendians et l'épargne des frais de répression du brigandage, du vol, etc.

6.° L'*opposition aux garanties politiques*. La science défend d'exiger des garanties du commerce, qui est dépositaire de la fortune publique sans responsabilité solidaire; elle défend aussi de mettre un frein au morcellement, à la pullulation des petits producteurs, qui sont des légions de petits vandales, élevant les frais au décuple, au vingtuple, au centuple du nécessaire.

7. *Les libertés simples*. On accorde le droit de construire des maisons malsaines, des foyers de méphitisme; on tolère les communications de virus contagieux, tels que psorique, syphilitique et autres. Le mécanisme civilisé ne présente aucun moyen de résistance à cette anarchie de libertés simples, exercées sans subordination aux besoins de la masse.

8. *La contrariété des intérêts collectifs et individuels*, guerre de chaque individu contre la masse. Le procureur souhaite à ses concitoyens de bons procès, le médecin leur souhaite de bonnes fièvres, l'architecte de bons incendies, et le vitrier de bonnes grêles qui cassent toutes les vitres pour le bien du commerce. Examinez pièce à pièce toutes les perfections civilisées, vous n'y trouverez que guerre intentionnelle de l'individu contre la masse. Les tribunaux français desirent et ont besoin que la France fournisse annuellement 47,250 crimes à procès, pour alimenter leur industrie.

9. *La péjoration climatérique et sanitaire*. La Civilisation détruit en peu de temps ses forêts, sources et climatures, par le déchaussement des montagnes. Les terres des Alpes sont allées former le delta du Rhône; les empires de Chaldée et autres, sont changés en déserts de sable que les vents entraînent dans la mer pour l'encombrer et ajouter le ravage des mers à celui des terres. Les venins contagieux se multiplient : au lieu d'une peste nous en aurons bientôt quatre, l'ancienne, la nouvelle dite fièvre jaune, le typhus du noyer et le choléra-morbus qui est déjà parvenu à Alep.

10. *L'entrave aux vocations industrielles*. Exemple : un charretier de 23 ans, conduisant des matières à l'usine de Charenton, prend goût au travail de fonderie, et y devient si habile, qu'au bout de six mois il remplace un fondeur intelligent qu'on payait 22 fr. par jour.

Pourquoi ce charretier est-il arrivé à 23 ans sans connaître son travail de vocation, où il devait exceller? La Civilisation ne sait pas faire éclore une vocation chez l'homme parvenu à 20 ans : l'ordre sociétaire en fera éclore 20 chez l'enfant avant qu'il ait atteint l'âge de cinq ans. L'ignorance du procédé d'éclosion est d'autant plus préjudiciable, que l'homme écarté du poste où l'appelait la nature, devient communément un pauvre sujet et souvent un scélérat, au lieu d'un citoyen précieux qu'il aurait été.

11. *La philanthropie illusoire.* On n'invente que des remèdes pires que le mal. Il paraissait louable de prohiber la traite des nègres Qu'en est il résulté? Un redoublement de cruautes, des horreurs inouïes exercées par les capitaines négriers, des sacrifices nombreux de victimes humaines qui sont vendues à bon marché dans les pays où la traite est entravée, enfin la traite des blancs ajoutée à celle des noirs. La traite des blancs (on en a laissé embarquer 6,000 après la victoire de Navarin) est protégée par toutes les puissances chrétiennes, comme nécessaire pour favoriser le débit des culottes que nous vendons aux bourreaux ottomans.

Ainsi, nos illusions philanthropiques sont efficaces comme nos illusions sanitaires, qui ont abouti à créer trois ou quatre pestes au lieu d'une.

12. *La morale répugnante*, le mépris des sens, l'abnégation de soi-même. Un bon républicain doit, selon la morale, manger indifferemment tout ce qu'on lui présente, mépriser la gourmandise, n'aimer que le brouet noir et les raves accommodées à l'eau claire par la citoyenne Phocion ou par Curius Dentatus.

Qu'arrive-t-il de ce précepte trop bien suivi? Que, dans Paris, des milliers d'empoisonneurs patentés, qu'on appelle marchands, fabricans de vin, vendent au consommateur des poisons de toute espèce, dont ils ne trouveraient aucun débit si le peuple et la bourgeoisie avaient des sens raffinés, s'ils savaient apprécier ce qu'on leur sert et rejeter ce qui est défectueux. Ces vins frelatés sont une source de maladies et d'ivresse furibonde suivie de crimes. Voilà ce que gagne le monde social à suivre le précepte moral de mépriser les sens et réprimer les passions pour le bien du commerce.

Les Parisiens sont un peuple tout pétri de morale, étranger à tout raffinement gastronomique, et acceptant indifféremment les vins frelatés, les comestibles bons ou mauvais. Cet esprit philosophique des Parisiens assure le succès de toute friponerie mercantile.

Ne vaudrait il pas mieux que les fourbes et les empoisonneurs ne trouvassent pas d'acheteurs complaisans, que le commerce fut réprimé pour le soutien de la vérité, que le peuple devînt gastronome et refusât tout comestible ou liquide falsifié par le commerce, comme les farines de Bourgogne, où les marchands mêlent autant de sable que d'alun dans leurs vins?

On voit par ces détails, que tout précepte moral devient en

Civilisation voie d'abus et de cercle vicieux, comme les préceptes d'Economisme. Fénélon et Mentor veulent que l'on arrache toutes les vignes, disant que le vin est la source des plus grands maux. Supposons que les habitans de Bordeaux, Champagne et Bourgogne, transportés d'un beau zèle moral, arrachent toutes leurs vignes, en seront ils *plus* vertueux? Non, car il n'est pas d'engeance plus scélérate que les ennemis du vin, les Turcs et Barbaresques.

J'ai cité 12 des écueils dont se compose le cercle vicieux dans lequel tombe notre industrie, et je pourrais en porter le tableau à 100 au lieu de douze.

Il est donc certain que nos illusions de perfectibilité échoueront sur l'un ou l'autre de ces écueils, parmi lesquels je n'ai pas encore cité le principal, le vice radical de l'industrie civilisée; c'est l'*échelle simple en répartition.*

Il convient d'entrer dans quelques détails sur cette monstruosité, sanctionnée par les Economistes. On jugera par là quelle confiance méritent leurs pompeux tableaux sur la distribution des richesses, les forces productives et autres jactances de progrès social.

De tous les vices de leur système, le plus saillant et le moins aperçu est l'échelle simple et fausse en répartition, échelle qui ne laisse toujours au peuple que l'indigence, quelque soit le progrès de l'industrie. C'est une analyse très neuve et très-digne d'attention.

Échelle D.

TABLE DES PROGRÈS ET RÉPARTITION DE LA RICHESSE EN MODE JUSTE OU COMPOSÉ, ET EN MODE FAUX OU SIMPLE.

⋈	Bas peuple.	Moyen peuple.	Basse bourgeoisie.	Moyenne bourgeoisie.	Haute bourgeoisie.	Mi-grands.	Grands.	Colosses.	
A	0	1	2	4	8	16	32	64	=
B	1	2	4	8	16	32	64	128	
C	2	4	8	16	32	64	128	256	
D	4	8	16	32	64	128	256	512	
E	8	16	32	64	128	256	512	1024	
F	16	32	64	128	256	512	1024	2048	
G	32	64	128	256	512	1024	2048	4096	
H	64	128	256	512	1024	2048	4096	8192	
=	R	S	T	U	V	X	Y	Z	⋈

Dans ce tableau, le chiffre 1 représente le strict nécessaire, nommé ration et équipement du soldat.

Le chiffre 0 représente l'état de gêne, d'indigence, où vivent un million de familles anglaises et vingt millions de familles chinoises, affamées, couvertes de haillons ou à moitié nues; elles ont moins encore que le soldat, qui pourtant n'a rien de trop et manque souvent du nécessaire.

La ligne A représente l'échelle des fortunes dans une société peu avancée, où les riches n'auraient qu'environ 64 fois le lot des basses classes, le nécessaire.

Les lignes B, C, D, E, F, G, H, peignent l'accroissement progressif de la richesse, en supposant, ce qui n'existe pas en Civilisation, un système de répartition qui éleverait le bien être des diverses classes en proportion régulière.

Si la fortune générale est parvenue à tel degré que la classe la plus opulente, Z, ait des individus rentés à 8192 ou 8,000 fr. par jour (on en voit de bien plus riches), il faut que le bas peuple ait, selon l'échelle proportionnelle H, un minimum de 64 fr. par jour et par chaque personne : or, dans l'état civilisé, le bas peuple reste toujours au revenu 0, à l'indigence, quel que soit l'accroissement de la fortune sociale.

Le régime distributif des civilisés suit la diagonale ou ligne transversale,

⋈, 0, 2, 8, 32, 128, 512, 2048, 8192, ⋈

C'est l'échelle fausse; elle est simple en ce qu'elle croît d'un côté et non de l'autre. Sept des huit classes ont réellement tiré parti des progrès de l'industrie; mais la classe R en est restée au point 0, à l'indigence, et cette classe R, nommée bas peuple, est aussi nombreuse à elle seule que les 7 autres. Elle est donc appauvrie par l'accroissement des richesses, car elle voit beaucoup plus de jouissances dont elle est privée.

On objectera que si dans la basse classe chacun des individus avait 64 fr. à dépenser par jour, ou seulement le 8.e, seulement 8 fr., répartis par 6 à l'enfant, 8 à la femme et 10 à l'homme, aussitôt cette classe abandonnerait les travaux pénibles dont elle est chargée.

Rien n'est plus vrai. Concluons en qu'il ne peut exister de justice distributive hors du régime d'attraction industrielle, qui garantirait la persistance du peuple aux travaux et le recouvrement du *minimum* d'entretien qu'on lui avancerait.

Ce minimum doit être proportionnel au degré de richesse générale désigné par la ligne H. Nous avons aujourd'hui beaucoup de gens possédant 8,000 fr. de revenu par jour, soit trois millions par an : les Scheremetoff, les Medina-Celi, les Devonshire en ont bien davantage.

Dans la 8.e période sociale où le genre humain va s'élever, il jouira d'un sort bien préférable à celui d'un civilisé renté à 64 fr. par jour, et même à 8,000 fr. par jour. On se convaincra par la lecture de l'abrégé suivant, que le plus riche potentat ou sybarite de la Civilisation, ne peut pas être aussi heureux, aussi intrigué, goûter une aussi grande variété de plaisir que le plus pauvre des Harmoniens à égale santé.

D'autre part, ce régime ne serait encore qu'un écueil politique, s'il ne remplissait les conditions de :

Equilibre et limite en population;
Quadruple produit en industrie générale.

Car il faudra pouvoir augmenter le bien-être des riches en proportion de celui des pauvres, de manière que les riches aient beaucoup plus de jouissances qu'en Civilisation; à ce prix, ils verront avec plaisir le bien-être des pauvres s'accroître en même proportion.

Les philosophes ont si bien senti la fausseté de l'échelle distributive, qu'ils ont dans tous les temps rêvé un remède contre nature, qui est l'égalité, l'échelle diagonale = =, la communauté monacale, que veut établir la secte Owen; c'est l'opposé du but de la nature, qui veut une très-grande inégalité de fortunes, mais une répartition en échelle composée, telle que les colonnes H, G, F, E; le tout subordonné à l'établissement de l'attraction industrielle, sans laquelle toute société tombe dans l'échelle simple et fausse de la diagonale ⋈ ⋈.

On peut conclure de ces aperçus, que les progrès de l'industrie morcelée ou civilisée sont des élémens et non des voies de bonheur social : ce sont des matériaux que la Civilisation ne sait ni ne peut mettre en œuvre; ils ne pourront être utilisés que dans les périodes supérieures, les 6.e, 7.e, 8.e, que créent par degrés l'attraction industrielle et remplisent peu à peu les autres conditions imposées plus haut, sans lesquelles tout progrès en industrie n'est que progrès du désordre, que cercle vicieux.

Tant qu'on ignore le mécanisme d'industrie attrayante, la société n'est et ne peut être qu'une ligue de grands pour opprimer la multitude, la forcer au travail par excès de misère, par alternative de la famine ou du gibet.

Aussi la tactique des chefs civilisés est elle de maintenir le peuple dans l'ignorance qui le façonne à son triste sort, et le persuader que cet avilissement de l'homme est la volonté de Dieu. Les philosophes même ne cherchent qu'à aveugler le peuple, au lieu de l'éclairer; ils lui enseignent de faux droits de l'homme, et lui refusent les seuls précieux, le droit au travail et à l'avance d'un minimum proportionnel.

J'ai démontré le cercle vicieux de l'industrie; j'aurais pu ajouter au tableau beaucoup d'autres écueils; mais il suffit de ces 12 et surtout de l'échelle fausse, pour dénoter que nos sciences ne veulent pas confesser le mal, qu'elles fardent le mécanisme civilisé, au lieu d'en faire une franche analyse.

Elles nous trompent de même, en nous berçant d'illusions sur la perfectibilité de Civilisation perfectible. Le mot Civilisation signifie hypocrisie dans son acception la plus étendue ; ils veulent donc perfectionner l'hypocrisie, et c'est ce qu'ils ont fait. La Civilisation a depuis 40 ans produit 24 nouveaux caractères d'hypocrisie, décrits en 6.e section ; elle en peut produire d'autres encore qui écloraient dans sa 4.e phase, où les rapines s'exercent plus grandement et passent du mode simple au mode composé. Alors, sous le masque de la morale douce et pure, et par des opérations toutes morales, les gouvernemens envahissent 1|2 du territoire, et commencent à effectuer les approches de l'hydre mercantile du commerce, dont Bonaparte ne sut pas s'emparer, bien qu'il en eût un violent desir.

Quoique plus raffinée en scélératesse, la 4.e phase va droit au but qu'aurait dû se proposer la science ; elle attaque les 2 vices radicaux, le morcellement agricole et la concurrence mensongère ou licence anarchique des marchands ; et par ces deux opérations, elle conduit à établir les garanties sociales que nos politiques ne savent que rêver, et dont ils manqueraient toutes les voies, tant qu'ils persisteraient dans la méthode civilisée.

Il faut être bien antipathique avec les garanties pour n'avoir pas reconnu en 3,000 ans, que le corps social doit à son peuple une garantie de travail et subsistance. La 4.e phase de Civilisation opèrerait selon ce principe, et c'est ce qui la rendrait précieuse dans sa perfidie. Elle irait au bien par la voie du crime, qui est voie de bien quand il est exercé en mode composé et non pas simple. Nos philosophes sauraient ce principe s'ils avaient quelques notions en mouvement social ; et puisqu'ils protègent deux infamies sociales :

L'usure libre, sous le nom de banque,
Le mensonge libre, sous le nom de commerce,

ils devaient élever ces deux vices, du simple au composé, en faisant passer l'usure et le trafic entre les mains du gouvernement : tel est l'effet de la 4.e phase de Civilisation.

Ainsi, la philosophie va terminer sa carrière, avec le renom de petitesse dans le crime comme dans la vertu, n'ayant su spéculer grandement et utilement ni sur l'un ni sur l'autre, n'ayant jamais admis pour règle l'alliance du beau et du bon, qui est le vœu de la nature. Cette alliance aurait conduit aux garanties par toutes sortes de voies, même par des dispositions matérielles, comme les constructions subordonnées à la salubrité et à l'embellissement, opération qui aurait ouvert une très-belle issue de Civilisation Les philosophes l'ont entravée d'après leurs principes de fausse liberté, protection à l'égoïsme anarchique des individus.

Parmi les torts de la Civilisation, celui qui aurait dû depuis longtemps exciter la défiance, est qu'elle ne veut suivre aucun des bons préceptes qu'elle donne ; j'en pourrais citer un grand nombre qui, tous, l'auraient conduite à des découvertes précieuses, tels sont ceux de :

Explorer en entier le domaine de la science : Elle laisse en arrière 4 sciences intactes, plus l'analogie, sans vouloir en étudier aucune, ni les proposer au concours ;

Croire qu'il n'y a rien de fait tant qu'il reste quelque chose à faire : Il reste à faire dans toutes les branches, surtout en Attraction, où Newton, prenant le roman par la queue, n'a traité que la branche inutile, qu'on eût dû laisser pour la dernière ;

Ne pas croire la nature bornée aux moyens connus : Pourquoi donc s'obstiner à prétendre que la nature soit bornée à la Civilisation, au morcellement, à la fourberie?

Aller du connu à l'inconnu par l'analogie : Or, si l'Attraction est agent de Dieu pour la direction des harmonies matérielles de l'univers, elle doit, selon l'analogie et l'unité de système, être agent de Dieu pour la direction des harmonies sociales ;

Procéder par analyse et synthèse : Il fallait donc faire l'analyse de la Civilisation et la synthèse de ses phases. On a écarté cette nouvelle science ; le miroir eût été trop fâcheux ;

Croire que tout est lié et unitaire en système de l'univers : Or, si le mouvement matériel est dualisé, sujet à double mécanisme d'harmonie parmi les planètes et d'incohérence parmi les comètes, même dualité doit régner dans le monde social ou passionnel : il est en mouvement faux, il reste à déterminer le vrai.

Simplifier les ressorts en toute mécanique : Nos sciences ne cherchent qu'à les compliquer, en protégeant le morcellement des cultures, la fourberie et la pullulation des marchands.

Etudier l'homme, l'univers et Dieu, pour les envisager tous trois en action combinée. Il fallait étudier :

L'attraction passionnée, *qui est moteur de l'homme ;*

L'attraction instinctive, *qui est moteur des animaux ;*

L'attraction passionnée et instinctive, qui est interprète de Dieu près de l'univers, comme la matérielle.

Ces considérations exigeaient qu'on procédât à une étude intégrale de l'attraction en toutes branches.

—

On citerait cent de ces préceptes fort sages que la philosophie nous recommande et qu'elle foule aux pieds, tels que celui de consulter l'expérience et l'évidence, qui nous disent que la Civilisation est le monde à rebours, qu'au lieu de se perfectionner elle ne fait que reproduire les mêmes fléaux sous diverses formes, ouvrir de nouvelles plaies, sans fermer aucune des anciennes. Il faut donc en sortir puisque l'issue est découverte.

J'ai dû insister sur ces torts innombrables de la philosophie, pour faire juger de la vaste carrière que s'ouvrirait une société d'opposition scientifique, publiant un journal d'opposition scientifique, et s'élevant contre l'immobilisme de notre philosophie chinoise, dans sa manie de croupir dans la 3.e phase de Civilisation.

Elle même loue les Barbares, les Ottomans, sur ce qu'ils passent de 3.e en 4.e phase de Barbarie, par l'adoption de la tactique militaire et nautique, l'étude des sciences fixes et les innovations agricoles et autres défendues par le Coran. On a loué le pacha d'Egypte, sous prétexte qu'il voulait *civiliser* son pays (ce qui est très faux; il s'élève en 4.e phase de Barbarie et non en Civilisation); l'on approuve donc ceux qui veulent changer de période sociale, s'élever de la 4e., dite Barbarie, à la 5 e, dite Civilisation : c'est reconnaître implicitement qu'il serait sage de s'élever de la 5 e, dite Civilisation, à la 6.e, dite Garantisme, puis à la 7 e, dite Sociantisme, à la 8.e, dite Harmonisme, et à celle-ci immediatement, si l'on peut y passer en franchissant les autres

La philosophie condamne donc elle même son esprit d'immobilisme, par les éloges outrés qu'elle a donnés au féroce pacha d'Egypte. Elle conseille aux Barbares le progrès réel de phase en phase et même de période en période; puis elle conseille aux Civilisés l'immobilisme chinois, la manie de croupir dans le bourbier du morcellement agricole et de la fourberie mercantile; elle ne veut pas même entendre parler d'autres sociétés, et elle n'admet l'idée de progrès social que sous le titre de *Civilisation perfectionnée*, d'où il suivrait que les sociétés où le mécanisme aura pour ressorts l'attraction, la vérité, la liberté, porteront le même nom que celle qui a pour ressorts la contrainte, la fourberie, l'hypocrisie. Combien les philosophes *expectans* de l'autre siècle se montraient plus sensés en dénonçant la Civilisation et ses fausses lumières, en la nommant *une région de ténèbres !*

La métaphysique, science chargée spécialement de les dissiper, les a renforcées par de nouvelles subtilités scolastiques sur les aperceptions de sensation, de cognition du moi humain, controverse de dupes, qui arrête l'esprit humain à la superficie de l'étude de l'homme; elle l'occupe des idées au lieu de l'occuper des ressorts ou attractions et répulsions, et du mécanisme où elles tendent; enfin elle épaissit la cataracte intellectuelle que dénoncent les philosophes honorables, tous d'accord à reconnaître avec Voltaire, Montesquieu, J.-J. Rousseau, etc, qu'on s'est trompé de route, qu'on est dans la route du faux, dans le mécanisme subversif ou monde à rebours, que « nos bibliothèques, prétendus trésors de connaissances sublimes, ne sont qu'un dépôt humiliant de contradictions et d'erreurs — Barthélemy, » d'où il faut conclure, avec Condillac et Bacon, « Quand les erreurs se sont ainsi accumulées, il n'y a qu'un moyen de remettre l'ordre dans la faculté de penser; c'est d'oublier tout ce que nous avons appris, de reprendre nos idées à leur origine, et de refaire l'entendement humain : ce moyen est d'autant plus difficile qu'on se croit plus instruit. »

Aussi, les personnes peu instruites, les femmes surtout, goûtent elles du premier abord l'idée de sortir de la Civilisation et s'élever à une société fortunée où règnera l'Attraction passionnée; mais cette idée révolte les philosophes, qui, ayant employé 3,000 ans à accumuler de belles diatribes contre les passions, frémissent à l'idée d'une théorie mathématique de l'harmonie des passions, pressentant bien qu'une telle théorie va envoyer au fleuve d'oubli ces bibliothèques morales, qu'un d'entr'eux a si bien nommées ***dépôt humiliant de contradictions et d'erreurs.***

Chapitre VI.

Final sur les côtés faibles de la Philosophie.

En terminant cette préface, je dois insister sur l'accusation de cataracte intellectuelle dont le génie moderne est frappé, et sur le rôle brillant réservé à ceux qui voudront prendre l'initiative des vraies lumières, en formant le noyau d'une société d'opposition scientifique, étayée d'un journal qui appellerait à la culture des sciences intactes.

Pour opiner sainement sur cette chance d'illustration et de fortune subite, un écrivain devra considérer que la philosophie est le colosse aux pieds d'argile qu'un souffle de vérité renversera. Elle ne se soutient que par l'énormité des désordres sociaux, contre lesquels on aime à l'entendre déclamer, malgré l'impuissance de ses philippiques; c'est une distraction au mal.

Mais du moment où la perspective d'un nouvel ordre social, très facile à fonder, fera entrevoir le terme prochain des misères civilisées, on ne saura que faire des frivoles consolations de la philosophie, on la congédiera aussitôt, comme un médecin convaincu d'avoir jugé à faux et traité la maladie à contre sens. Devenue inutile, elle tombera sous le poids des ridicules, et chacun se ralliera à l'avis de son patriarche Voltaire, qui loin de voir des lumières dans le dédale philosophique, s'écrie :

Mais quelle épaisse nuit !

A l'époque où parlait Voltaire, cette science n'était pas encore jugée par les faits ; elle n'avait pas subi l'épreuve de la révolution, qui a confondu toutes les sortes de philosophies, même l'économisme, qui pourtant semble avoir éclipsé les autres branches, surtout la pauvre morale. Il l'a matée à tel point, qu'elle est obligée de permettre l'amour des richesses perfides et encenser les trafiquans, qui avant le règne des Economistes, étaient bafoués par Horace et Boileau, réprouvés par l'Evangile qui les confond avec les voleurs, *vendentes et latrones*, et battus de verges par Jésus-Christ, à l'époque où ils habitaient des échoppes et non des palais.

Mais déjà cet économisme qui a envahi le sceptre des fausses lumières se dénonce lui même. Désorienté par la crise pléthorique de 1826, il désavoue ses théories ; pour prévenir les enquêtes sur leurs bévues, et en bon marchand de systèmes, il promet de nouvelles théories qui conduiront sans faute à toutes les perfectibilités perfectilisantes.

Quelle anarchie ! La science dominante, celle qui a éclipsé toutes les autres, en vient à rougir d'elle-même, en voyant l'excès des misères qu'engendre sa chère civilisation L'Economisme avoue qu'il n'a ni principes fixes, ni résultats certains, encore ne connaît-il pas la dixième partie des écueils où il échouerait successivement (Voyez précédemment).

Quel affront pour les autres sciences qui, comme la morale, ont fléchi devant cette chimère de fraîche date, ce vil esprit mercantile qui tomberait, même dès la Civilisation, si elle savait s'élever de sa 3.e à sa 4.e phase, car dès la 4.e phase, le corps civilisé, gouvernemens et propriétaires, saurait dompter ces marchands et agioteurs devant qui tout rampe dans l'état actuel ou 3.e phase. La politique, pour les flatter, se traîne dans la boue, soutient la traite des nègres et des blancs pour complaire aux vendeurs de calicots. Quelle joie éclatera bientôt parmi les castes supérieures enchaînées aujourd'hui au char du commerce ! Quelle sera leur satisfaction de voir que le commerce et même le monopole anglais n'étaient, comme la philosophie, qu'un colosse aux pieds d'argile, et que tout l'édifice mercantile va s'écrouler avec celui des sciences philosophiques !

Mais la plus coupable des 4 sciences est la Métaphysique, en ce qu'elle donne le change à l'esprit humain sur sa tâche principale, sur l'etude de l'homme et de Dieu, dont elle détourne les esprits en les arrêtant à une controverse frivole sur la superficie de l'homme, sur l'idéologie, vétille pour laquelle on oublie l'attraction, bien moins difficile à étudier que ce labyrinthe de la controverse ideologique. Les métaphysiciens modernes sont comparables aux mineurs d'Ekaterimbourg, qui depuis un siècle se morfondaient à exploiter des filons de cuivre à 100 pieds sous terre, tandis que les blocs d'or et le sable d'or étaient à fleur de terre, où on les a enfin aperçus après cette longue cécité.

Il sera prouvé que sous la direction de ces 4 sciences, le monde civilisé n'a jamais fait un pas en avant. Lorsqu'il s'est élevé de la 2.e phase a l'Apogée et à la 3.e, ç'a été, ou par entremise des sciences fixes, ou par effet du hasard, ou par impulsion de circonstance et force des choses. Par exemple : Un grand pas à faire était la suppression de l'esclavage, très-nuisible sous le rapport du progrès social, car il empêchait de spéculer sur l'association, destinée de l'homme. Les anciens philosophes ne s'occupèrent nullement des moyens de le supprimer ; les Platon, les Sénèque, avec leurs masques de philanthropie, opinèrent à perpetuer cet odieux régime, qui ne tomba que par l'influence du Christianisme.

Aujourd'hui, la philosophie témoigne même indifférence sur les monstruosités les plus choquantes, sur l'industrie morcelée de 300 chaumières employant 300 feux, 300 ouvriers, là où 3 suffiraient ; sur le commerce mensonger, qui, par un service improductif, a quadruplé depuis 40 ans la masse d'agens qu'il emploie, la masse de capitaux qu'il absorbe et la masse de tributs qu'il prélève sur les producteurs et consommateurs.

Chacun se moquerait d'un meunier qui quadruplerait le nombre des roues et pièces de ses moulins pour aboutir à ne moudre que la même quantité de grains. On se moquerait de même d'un horloger qui quadruplerait les rouages d'une pendule, sans rien ajouter en aiguilles ni en sonnerie. De tels mécaniciens seraient traités d'imbéciles et de fous La philosophie les imite en protégeant le régime d'anarchie, mercantile ou concurrence de fourberies individuelles qui a depuis 40 ans quadruplé l'attirail, les frais, les fourberies et les désordres.

Elle vante ces ridicules, pour se dispenser d'inventions en garantie de vérité. Si elle signalait les vices du commerce mensonger, elle s'imposerait le devoir d'inventer le mode véridique et garanti, dont le germe est dans le système monétaire ; mais dès qu'il s'agit d'inventions, elle sanctionne tout désordre pour eviter d'en chercher le remède et s'en tenir à la facile industrie des systèmes, écarter tout problème, tant sur l'association industrielle que sur les garanties sociales, qu'elle ne sait pas même établir pour elle, pour sa propre sûreté ; car elle a été trois fois, dans cette génération, victime des ressorts qu'elle a choisis pour égide : c'est le gouvernement représentatif.

En 1793, il produisit le règne de Robespierre, qui envoyait les philosophes en masse à l'échafaud.

En 1800, à la suite de l'anarchie directoriale, il produisit le règne de Bonaparte, qui se hâta de baillonner les philosophes, étouffer leurs torrens de lumières.

En 1820, il a produit, après quelques années de lutte, le règne des anti-philosophes, qui, devenus maîtres du levier représentatif, l'ont employé à démolir pièce à pièce l'édifice philosophique.

Voilà donc la pauvre science trois fois immolée par le protecteur qu'elle a choisi.

Quelle ignorance profonde sur les ressorts du mouvement, et combien sera brillant le rôle de ceux qui prendront l'initiative en opposition scientifique, en accusation des quatre sciences incertaines, et en dénonciation de la cataracte dont elles ont frappé l'esprit humain.

Le rôle serait brillant, même en sens négatif, dans le cas où on ignorerait que les 4 sciences contraires sont inventées, et où on se bornerait à signaler les torts de la philosophie, son refus d'explorer les sciences intactes, son obstination à vanter les méthodes évidemment vicieuses, telles que le mode mensonger et complicatif en commerce, le mode morcelé en agriculture.

Mais les initiateurs en opposition scientifique pourront prendre le rôle positif, s'etayer de l'échelle du mouvement, faire valoir les avantages d'un essai ; ils auront dans cette proposition trois grands moyens de succès :

Le premier est l'accord avec les gouvernemens : tout ce qui est progrès réel s'accorde de fait avec leurs vues.

Le 2.e moyen sera le pis aller de l'épreuve sociétaire. Ce pis-aller sera de doubler le capital, en cas que le calcul de l'attraction passionnée soit faux. Les sceptiques et les petits esprits ne voudront pas y croire, et diront que cela est trop éblouissant ; on leur fera observer que tout en doutant de cette théorie, ils ne peuvent pas douter des économies et améliorations matérielles inhérentes au mécanisme des series passionnées Or, il sera prouvé que ce seul avantage élèverait le produit au double, lors même qu'on échouerait sur l'attraction industrielle et l'harmonie passionnée. Quelle opération d'ordre civilisé peut présenter pareille chance à ceux qui la jugeraient fausse en théorie ? Sous ce rapport, l'épreuve sociétaire aura pour actionnaires ses antagonistes mêmes.

Le 3.e moyen sera la tentation des savans, l'appât des fortunes subites et immenses qu'ils feront dans le nouvel ordre sur la vente de leurs ouvrages, sur les prix unitaires qui formeront des sommes énormes, enfin sur la direction de l'enseignement, qui garantira à tout savant, artiste ou littérateur, un train de vie magnifique. Les sciences et les arts étant productifs dans le régime d'attraction industrielle, il faudra élever tous les peuples à la culture des sciences et des arts, et dans la première génération l'on n'aura pas en savans et en artistes, le millième du nombre nécessaire à l'instruction; c'est pour cela que chaque pays fera pont d'or aux moindres savans et artistes pour les engager. Tous ceux qui aujourd'hui languissent dans les greniers des capitales, seront assaillis de messages aussi tentateurs que celui d'Artaxercès à Hippocrate.

Quelque desir qu'ils en aient, je n'ai garde de croire que cette perspective puisse les convertir, quoique appuyée de démonstrations rigoureuses. Je sais qu'une corporation ne renonce pas à ses erreurs, et que les distributeurs de lumières, de raison, sont les hommes les plus rebelles à toute lumière qui ne vient pas d'eux et porte ombrage à leur amour-propre. Ils seront à mon égard ce qu'ils ont été avec Colomb et Galilée, et plus récemment avec Jenner et Fulton. Thomas les a bien dépeints en disant : « Le dernier des crimes qu'ils pardonnent est celui d'annoncer des vérités nouvelles. »

D'autre part, je sais qu'il existe des exceptions à toute règle, et que sur 4 à 500 savans de Paris, il peut s'en trouver un centième, 4 à 5, assez judicieux pour peser, comme le fit saint Augustin, les chances favorables d'une nouveauté, les voies de fortune et de gloire qu'elle présente. Il ne faut pas des centaines d'apôtres pour mettre en crédit la théorie de l'attraction, il suffira d'un petit noyau de 3, et même d'un seul, s'il est homme de grand relief. Il aura l'honneur auquel aspirent vainement aujourd'hui les savans : celui de devenir chef de secte utile, entraîner tout, opérer la métamorphose universelle des esprits et des sociétés, par une facile operation qui n'exigera pas deux mois de temps et quadruplera le capital des actionnaires, indépendamment de la récompense.

Le lustre assuré à celui ou ceux qui se feront orateurs de cette entreprise, dubitativement et conditionnellement, en invitant à douter de la philosophie, déjà suspectée par ses complices, Voltaire, Montesquieu, Rousseau, et à vérifier la théorie de l'attraction passionnée et de la mécanique sociétaire, ce lustre, dis-je, naîtra de la conquête subite de l'opinion, qui, chez les monarques et les peuples, est très indisposée contre la philosophie. On attend pour se prononcer que le génie ait produit quelque autre science qui sache faire ce que cette sirène ne sait que promettre, qui sache procurer au peuple un bien-être réel au lieu des haillons auxquels le réduisent nos sciences.

Les princes et les grands, qui détestent l'esprit mercantile et philosophique, accueilleront avec joie une doctrine nouvelle, — qui convaincra la philosophie de tous les torts qu'elle attribue aux monarques, d'obscurantisme, d'immobilisme et de rétrogradation; — qui prouvera que le progrès social et le régime de la vérité, doivent naître de la régie exclusive du gouvernement, sauf contre poids, tel qu'on le voit en régime monétaire; — et qui au lieu de bouleverser des empires sur de vagues espérances, limitera l'essai à un petit canton d'une lieue carrée et 1800 habitans.

On reconnaîtra aussitôt, que l'instinct était juste en inspirant aux peuples du mépris pour le commerce et le mensonge, et aux princes, de la défiance contre les philosophes, et leur manie d'innovations étendues à un empire entier, sans essai préalable sur un canton. Il sera reconnu que les modernes, loin d'avoir failli par abus de religion, n'ont failli que par faiblesse d'esprit religieux, insuffisance de foi et d'espérance en Dieu, sur les vües de qui toute étude méthodique aurait conduit d'emblée à étudier l'Attraction, pour peu qu'on eût disserté sur les attributions divines et sur l'absence des moyens coercitifs dédaignés par Dieu.

Il faut donc pour orateur de la nouvelle science et chef de la restauration, un savant assez clairvoyant pour apprécier la duperie de ses collègues, obstinés à cultiver un champ stérile, quatre sciences usées et ressassées, lorsque quatre mines vierges leur sont ouvertes. Il faut un homme qui sache les éveiller de leurs erreurs, les en faire rougir et rallier tout à lui.

Il devra surtout, dans l'appréciation de ma théorie, juger le fond et non la forme, considérer que le sujet ne comporte ni flatterie, ni capitulation. Il n'y a rien de neuf à attendre d'un homme qui se présente l'encensoir à la main : ce n'est qu'un sophiste de plus. Les vrais inventeurs, Newton, Copernic, Linnée, Colomb, Galilée, ont franchement contredit leur siècle et attaqué de front les erreurs. Un véritable inventeur est reconnaissable au caractère qu'on a reproché à Bacon en ces termes :

« Bacon, dont le génie prophétique se fit contemporain du XVIII.e siècle; Bacon, qui avait ouvert dans ses écrits un trésor inépuisable de vérités, eut le tort de prendre un vol trop élevé et de planer à une si grande hauteur sur les hommes et les choses de son temps, qu'il n'exerça sur eux aucune influence. »

Etait ce Bacon qui avait tort de porter ses vues plus loin que celles d'un siècle encroûté de petitesse? Non, le tort était à ses contemporains. Il en est de même des miens.

Au reste, je leur livre une théorie qui se prête aux divers goûts :

Veulent-ils tout de bon prendre ce vol sublime dont ils se vantent? Qu'ils organisent la phase 33 de l'échelle C. Veulent-ils ne faire qu'un pas de tortue, ne franchir qu'un demi-siècle? Qu'ils organisent la phase 24, la 4.e de Civilisation, où l'on aurait pu tarder encore 50 ans à parvenir. Ils ont dans cette échelle C une option sur 14 phases graduées et inégales en bonheur, selon le tableau de richesse progressive donné plus haut, tableau que je pourrais adapter en détail à chacune des 14 phases de progrès social sur lesquelles on a l'option. Il faut se rappeler, à ce sujet, que les phases les plus élevées et les plus heureuses sont les plus faciles à fonder.

J'ai tracé la marche à suivre pour juger régulièrement l'invention d'où dépend le sort du monde social; il faut envisager le fond et non les formes sévères, elles sont celles qu'on admire dans un orateur ecclésiastique tonnant contre nos vices, dans un Démosthènes, un Cicéron, démasquant les trames de Philippe et de Catilina. Je remplis le même rôle, et ne dois pas d'encens aux 4 sciences fausses dont je dénonce les erreurs.

La tactique de leurs partisans est celle d'Escobar; ils esquivent tout débat sur le fond du sujet, sur l'attraction et sur le but de Dieu qui nous soumet à cette impulsion. Ils essaient de la ridiculiser. Newton l'a suffisamment lavée du ridicule; et pour les confondre, il suffit de leur adresser les deux questions suivantes :

Pourquoi, en recommandant d'explorer en entier le domaine de la science, laissent-ils dans l'oubli quatre sciences intactes, et surtout celle de l'attraction, dont l'importance est assez démontrée par les succès qu'a obtenus Newton sur la branche du matériel?

Et pourquoi, en s'imposant la tâche d'étudier l'homme, l'univers et Dieu, refusent-ils d'étudier l'attraction passionnée, qui est agent de Dieu, donnant l'impulsion à l'homme et aux créatures?

Ces 2 questions suffisent à confondre les vrais obscurans, qui ne sont pas ceux qu'on pense. Les lumières et la philanthropie n'ont pas de plus dangereux ennemis que ceux qui se vantent d'en être les apôtres. Tant que la liberté n'eut pour coryphées que des Platon et des Aristote, l'esclavage des industrieux fut sévèrement maintenu; il ne chancela qu'à l'époque où le Christianisme fut assez fort pour l'attaquer.

Et dans maintes autres circonstances où il s'agissait de progrès social, quel service ont rendu les soi-disant amis des lumières? Sans la protection du confesseur d'Isabelle, l'expédition de Colomb eût été manquée, et la découverte de l'Amérique eût été retardée peut être d'un demi-siècle par les railleries des beaux-esprits nommés philosophes; chacun d'eux se croyait un oracle de raison en diffamant Colomb, aucun d'eux ne prit sa défense.

Qu'ils se rappellent aujourd'hui l'affront essuyé par leurs collègues du XV.e siècle. Ces zoïles réussirent d'abord à flétrir Colomb, le faire titrer de visionnaire et d'idiot par toute l'Europe, jusqu'au moment où son voyage et son retour leur imposèrent silence. Gênes perdit, par cet acte d'obscurantisme, le sceptre du nouveau monde; ses beaux-esprits y gagnèrent la coiffure de Midas et le mépris général.

Avis aux zoïles modernes, qui, sous le nom de philosophes, reproduisent au XIX.e siècle l'obscurantisme du XV.e, en s'efforçant de diffamer la théorie de l'attraction passionnée et du mécanisme sociétaire, avant qu'elle n'ait été jugée régulièrement par l'examen et par l'expérience qui a déjà frappé de réprobation les essais d'association nominale tentés en Amérique et en Angleterre. Le refus d'imitation fait par leurs voisins, tant sauvages que civilisés, prouve assez que pour associer il ne suffit pas de statuts monastiques et arbitrairement imaginés, mais qu'il faut une science neuve et spéciale, une théorie évidemment naturelle par sa véracité géométrique et par sa convenance visible avec les passions des êtres de tous sexes, de tous caractères, de toutes fortunes, de tous rangs et de tous âges, et surtout par son aptitude à satisfaire tous les partis, leur faire oublier subitement, comme visions puériles, toutes leurs querelles politiques. Ces conditions sont strictement remplies par le *Nouveau Monde industriel*, et je les rappellerai dans le courant de l'ouvrage pour justifier de leur accomplissement.

Extrait du Catalogue

DE LA

LIBRAIRIE PHALANSTERIENNE,

Quai Voltaire, 25.

Théorie des quatre mouvemens et des destinées générales, par Ch. Fourier, 3.e édition, avec une Préface des Editeurs. 1 vol. in-8.o (tome 1 des œuvres complètes). Paris, 1846. Prix, 6 fr. Par la poste, 7 fr. 25.

Théorie de l'Unité universelle, ou *Traité de l'Association domestique-agricole*, par le même. (2.e Edit.) 4 vol. in-8.o (tomes II, III, IV et V des œuv. compl.) 18 f. *Franco*, 21 f.

—Le même ouvrage publié par livraisons avec le *Plan du Traité de l'Attraction*, trois vignettes et le portrait de Fourier. Prix, 50 cent. pris au bureau. *Il paraît une livraison par semaine, à partir du* 30 *août* 1846.

Le Nouveau Monde Industriel et Sociétaire, par le même. 3.e Edit. Paris, un fort vol. in-8.o, formant le tome VI des œuvres complètes. Prix, 5 fr. Par la poste, 6 fr. 50 c. (En prenant en même temps les six volumes qui précèdent, on les obtient pour 28 fr.; *franco*, 32 fr.

Manifeste de l'Ecole Sociétaire fondée par Fourier, ou *Bases de la Politique positive*. Paris, 1842. *(Ecrit par M. Considérant et adopté par le Conseil de l'Ecole)*. Nouvelle édition, revue et considérablement augmentée. 1842. Un beau vol. in-18. Prix, 1 fr. 25 c. Par la poste, 1 fr. 60 c.

Théorie de l'Education naturelle et attrayante. Dédiée aux Mères, par V. Considérant. 1 vol. in-8.o, 3 fr. Par la poste, 3 fr. 80 c.

Débacle de la politique en France. Brochure in-12 de 152 pag. Paris, 1836. Prix, 1 fr. 50 c. Par la poste, 1 fr. 75 c.

Exposition abrégée du système phalanstérien de Fourier, suivi de : *Etudes sur quelques problèmes fondamentaux de la destinée sociale*, par V. Considérant. Br. in-32 de jésus. Paris, 3.e Edit., 4.e tirage, 1846. Prix, 60 c. Par la poste, 75 c. — Le même ouvrage non suivi des neuf thèses. Prix, 30 c. Par la poste, 40 c.

Le Fou du Palais-Royal. Dialogues sur la théorie de Fourier, par F. Cantagrel. 2.e Edit. 1 fort vol. gr. in-18, format Charpentier. Paris, 1845. Prix, 4 f. Par la poste, 4 f. 50.

Les Enfans au Phalanstère, dialogue familier sur l'éducation, extrait du *Fou du Palais-Royal*. Petit vol. in-32. Prix, 40 c. Par la poste, 50 c.

Fourier, sa vie et sa théorie, avec des lettres inédites et 3 *fac-simile* de l'écriture de Fourier, par Ch. Pellarin, doct. en médecine. 1 fort vol. in 18, format anglais. Prix, 5 fr. Par la poste, 6 fr.

Solidarité. — Vue synthétique sur la doctrine de Ch. Fourier, par Hippolyte Renaud, ancien élève de l'Ecole Polytechnique. 1 vol. in-18. 3.e édition, revue et augmentée par l'auteur. Paris, 1846. Prix, 1 fr. 25 c. Par la poste, 1 f. 50.

L'organisation du travail et l'association, par Mathieu Briancourt. 2.e Edit., 1 vol. gr. in-32. Prix, 80 c. Par la poste, 1 fr.

Précis de l'organisation du travail. 1 vol. in-32. Prix, 30 c. Par la poste, 40 c.

Notions élémentaires sur la science sociale de Fourier; par Henri Gorsse, auteur de la Défense du Fouriérisme. 1 vol. in-18, de 2 à 300 pag. Prix, 1 fr. Par la poste, 1 fr. 35 c.

La dernière incarnation. Légendes évangéliques du XIX.e siècle, par A Constant. Prix, 60 c. Par la poste, 75 c.

Coup-d'œil sur la *théorie des fonctions*, par A. Tamisier, ancien élève de l'Ecole Polytechnique. Brochure, in-18, 2.e édition. Prix, 50 c. Par la poste, 55 c.

Almanach phalanstérien pour 1845, pour 1846 et pour 1847. Prix, 50 c. chaque; et par la poste, 80 c. — Parmi les vignettes qui ornent cet almanach, on en remarque une fort belle due au crayon de M. D. Papety.

Féodalité ou association, type d'organisation du travail pour les grands établissemens industriels, à propos des houillères du bassin de la Loire, par Victor Hennequin, avocat à la Cour royale. Prix, 75 c. Par la poste 90 c.

Substances alimentaires (des falsifications des) et des moyens de les reconnaître, par Ch. Harel et Jules Garnier, 1 fort volume in-18. Prix, 4 fr. 50 c. Par la poste, 5 fr. 50 c.

Ménage sociétaire ou *Moyen d'augmenter son bien-être en diminuant sa dépense*, par Ch. Harel. Un vol. in-8, 2 fr. Par la poste, 2 fr. 75 c.

Colonisation de Madagascar. Un vol. grand in-8 avec carte, par Désiré Laverdant. Paris, 1844. Prix, 3 fr. et par la poste, 3 fr. 75 c.

De la mission de l'art et du rôle des artistes. — Salon de 1845. Extrait des 2.e et 3.e livraisons de la PHALANGE, *Revue de la science sociale*, par le même. Une brochure gr. in-8. Prix, 1 fr. 25 c. Par la poste, 1 fr. 50 c.

Quinze millions à gagner sur les bords de la Cisse. Mémoire présenté à la Société d'Agriculture d'Indre-et-Loire, par F. Cantagrel. Brochure in-8. Tours, 1845. Prix, 25 c. Par la poste, 30 c.